电子控制理论应用创新研究

陈会鸽 著

吉林科学技术出版社

图书在版编目（CIP）数据

电子控制理论应用创新研究 / 陈会鸽著 . -- 长春：
吉林科学技术出版社，2019.8
ISBN 978-7-5578-5773-8

Ⅰ . ①电… Ⅱ . ①陈… Ⅲ . ①电子控制－研究 Ⅳ . ① TN1

中国版本图书馆 CIP 数据核字（2019）第 167365 号

电子控制理论应用创新研究

著　　者	陈会鸽	
出 版 人	李　梁	
责任编辑	朱　萌	
封面设计	刘　华	
制　　版	王　朋	
开　　本	185mm×260mm	
字　　数	330 千字	
印　　张	14.75	
版　　次	2019 年 8 月第 1 版	
印　　次	2019 年 8 月第 1 次印刷	
出　　版	吉林科学技术出版社	
发　　行	吉林科学技术出版社	
地　　址	长春市福祉大路 5788 号出版集团 A 座	
邮　　编	130118	

发行部电话 / 传真　0431—81629529　　　81629530　　　81629531
　　　　　　　　　　81629532　　　81629533　　　81629534

储运部电话　0431—86059116

编辑部电话　0431—81629517

网　　址	www.jlstp.net
印　　刷	北京宝莲鸿图科技有限公司
书　　号	ISBN 978-7-5578-5773-8
定　　价	60.00 元

前　言

　　近年来伴随着智能化技术的不断进步和逐渐成熟，以物联网为代表的智能电网和能源互联网的发展趋势，电力电子装置智能化和电力电子控制智能化发展也日渐兴起，并发挥着巨大的潜力。

　　目前，已有的电力电子技术的发展重心基本上停留在对系统基本功能的实现与性能的提高，而同时针对传统的经典控制理论和现代控制理论对电力电子控制技术的发展也越来越难以满足日渐复杂多元系统的发展需要。近年来，随着微电子技术的迅速发展，高精度、高速度的微处理器的出现，使得复杂参量和系统状态实时计算成为可能，以及现代控制理论的大量实践和丰富经验，模糊控制、自适应控制、神经网络控制等智能控制理论开始应用于电力电子技术，以此来满足高性能、高精度、强鲁棒性的电力电子系统发展需求。智能控制理论的使用和探索将是对电力电子技术领域一次新的革命，极大的促进电力电子应用的发展和创新。

　　本书从电力电子装置智能化和电力电子控制方面详细综述电力电子的控制理论及其应用研究，并对智能控制理论在电力电子学中的应用前景做出展望。其主要内容包括电力电子技术、电子元器件、电子基本技能、电子产品的组装与调试工艺、常用模拟电子电路、印刷电路、电动机控制、PWM控制技术以及电力电子中智能控制理论的创新应用等。

　　由于电子控制理论应用在不断发展和创新，以及编者的水平有限，书中不足之处还请专家、读者批评指正。在撰写此书的过程中，参考和借鉴了大量的参考资料，在此对相关作者表示衷心的感谢。

目　录

第一章 概　论

第一节　电力电子技术概述

电子技术的发展有两大方向：一个是电子信息技术；另一个是电力电子技术。电子信息技术的处理对象是信号和信息，即如何对信号和信息进行快速处理和真实传送。通常所说的模拟电子技术和数字电子技术都属于电子信息技术。电力电子技术是使用电力电子器件对电能进行变换和控制的技术。目前所用的电力电子器件均用半导体制成，故又称电力半导体器件。电力电子技术所变换的"电力"，功率可以大到数百兆瓦甚至吉瓦，也可以小到数瓦甚至 1W 以下。

电力电子学（Power Electronics）这一名称是在 20 世纪 60 年代出现的。1974 年，美国的 W. Newell 用一个倒三角形（见图 1-1）对电力电子学进行了描述，认为它是由电力学、电子学和控制理论三个学科交叉而形成的。这一观点被全世界普遍接受。"电力电子学"和"电力电子技术"是分别从学术和工程技术两个不同的角度来称呼的。

虽然作为新的学科领域只经过了五十多年的发展，但是已经取得了令人瞩目的成就，现在，电力电子技术已成为电气技术人员不可或缺的知识。

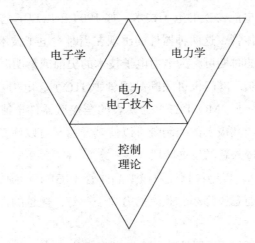

图 1-1　描述电力电子学的倒三角形

一、电能变换及控制的方法

电力电子技术是使用电力电子器件对电能进行高效变换和控制的技术。通常，表征电能状态的参数有电压、电流、频率、相位以及相数。电力电子技术中所说的电能变换控制，就是将这些电能状态的一个或多个参数进行变换控制，理想的情况下，电能的变换可趋近于既无时间延迟也无电能损失的状态。

通常所用的电能有交流和直流两种 3 从公共电网直接得到的电能是交流的，从蓄电池和干电池得到的电能是直流的。从这些电源中得到的电能往往不能直接满足各种不同的需求，这时，就需要进行电能变换，如表 1-1 所示，电能变换的方式基本上可以分为四大类：交流变直流（AC/DC）、直流变交流（DC/AC）、直流变直流（DC/DC）、交流变交流（AC/AC）。交流变直流称为整流，直流变交流称为逆变。直流变直流是指一种电压（或电流）的直流变为另一种电压（或电流）的直流，一般用直流斩波电路实现；交流变交流可以是电压或电力的变换，称为交流电力控制，也可以是频率或相数的变换。

表 1-1　电能变换的基本类型

输入输出	AC	DC
DC	整流	直流斩波
AC	交流电力控制变频、变相	逆变

二、电力电子技术的发展史

电力电子器件的发展决定了电力电子技术的发展，因此，电力电子技术的发展史是以电力电子器件的发展为纲的。

一般认为，电力电子技术的诞生是以 1957 年美国通用电气公司研制出的第一个晶闸管为标志的，电力电子技术的概念和基础也是由于晶闸管和晶闸管变流技术的发展而确立的。此前就已经有用于电能变换的电子技术，如 1904 年出现了电子管，1947 年美国著名的贝尔实验室发明了晶体管，这两种器件的出现在当时对电子技术的发展具有推动性的作用，所以晶闸管出现前的时期可称为电力电子技术的史前或黎明时期。

20 世纪 70 年代后期，以门极可关断晶闸管（GTO）、电力双极型晶体管（BJT）、电力场效应晶体管（Power MOSFET）为代表的全控型器件全速发展。全控型器件的特点是通过对门极（栅极或基极）的控制既可以使其开通又可以使其关断，使电力电子技术的面貌焕然一新，从而进入新的发展阶段。

20 世纪 80 年代后期，以绝缘栅极双极型晶体管（IGBT）为代表的复合型器件集驱动功率小、开关速度快、通态压降小、载流能力大于一身，优越的性能也使之成为现代电力电子技术的主导器件。

20 世纪 90 年代，电力电子器件的研究和开发已进入高频化、标准模块化、集成化的智能时代。为了使电力电子装置的结构紧凑、体积减小，也把若干个电力电子器件及必要的辅助器件做成模块的形式，之后又把驱动、控制、保护电路和功率器件集成在一起，构成功率集成电路（PIC）。这也代表了电力电子技术发展的一个重要方向。

经过半个多世纪的发展，电力电子技术已经取得了辉煌的成就，但与微电子领域的高度集成化相比，电力电子技术仍处于"分立元件"时代，现在电力电子模块（IPEM）的概念已经提出。概念化的 IPEM 为三维结构，包括主电路、驱动控制电路、传感器与磁性元件等无源元件，并适合自动化生产。通过集成，可以将现有电力电子装置设计过程中所遇到的元器件、电路、控制、电磁、材料、传热等方面的技术难点问题和主要设计工作在集成模块内部解决，使应用系统设计简化为选择合适规格的标准化模块并进行拼装即可。

这一革命性的技术将使现在的电力电子技术领域分化为集成模块制造技术和系统应用技术两个不同的分支，前者重点解决模块设计和制造的问题，通过多个不同学科的紧密交叉和融合攻克电力电子技术中主要的难点；而后者解决针对各种广泛而多样的具体应用将模块组合成系统的问题。

随着这一技术的发展，集成模块的设计和制造技术将成为电力电子技术研究的主要内容，而系统应用技术则渐渐成为具备基本素质的各行业工程师所掌握和使用的一般技术。由此，电力电子产业也将出现分化的趋势，集成模块的制造将成为该产业的主要内容，与集成电路一样，电力电子产业将会更加蓬勃发展。

三、电力电子技术的特点

前面曾经说过，电力电子是以电力、电子以及控制三个学科的基本技术为基础的交叉学科领域。图 1-2 是电力电子装置一般组成的示意图。

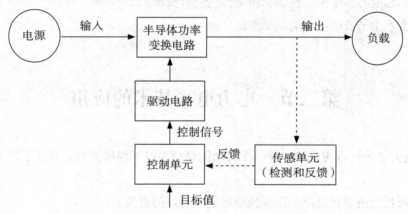

图 1-2　电力电子装置一般组成的示意图

图 1-2 中的主电路是电源的电能通过半导体功率变换电路变为负载所需的形态，并提供给负载。变换电路的多种方式与表 1-1 相对应。

如果电能变换电路相当于人类的肌肉，负载相当于人所要做的各种动作，那么就要有控制其动作的神经系统，它相当于图 1-2 的控制单元、驱动电路和传感单元，它们是根据外部的指令（目标值）、主电路中的各种状态量（电压、电流等）产生导通和关断的信号，并送到变换电路的开关器件。而驱动电路是将控制信号隔离放大后，驱动电力半导体器件的接口电路。

　　电力电子电路同其他的电力电路相比并没有多么显著的不同，其特点可归纳为以下几条：

　　（1）使用开关动作。其目的是对大功率电能进行高效转换。

　　（2）伴随换流动作。电流从某一器件切换到其他器件的现象称为换流（Commutation）。图 1-3 是开关电路的换流示意图，通过开关动作，电流从一侧支路转移到另一侧支路。

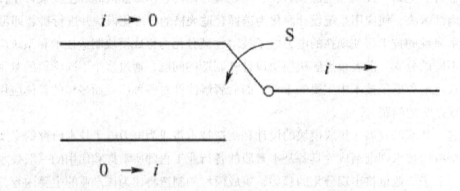

图 1-3　开关电路的换流示意图

　　根据换流方式的不同，分为电网换流（Line Commutation）和器件换流（Device Commutation），又称自然换流（Natural Commutation）和强制换流（Forced Commutation）。

　　（3）由主电路和控制电路构成，两者间的接口技术同样重要。

　　（4）它是电力、电子、控制、测量等的复合技术。

　　（5）会产生谐波电流和电磁噪声。

第二节　电力电子技术的应用

　　应用电力电子技术构成的装置，按其功能可分为以下四种类型，对应了四大类电能变换技术：

　　（1）可控整流器把交流电压变换成固定或可调的直流电压。

　　（2）逆变器把直流电压变换成频率固定或可调的交流电压。

　　（3）斩波器把固定或变化的直流电压变换成可调或固定的直流电压。

　　（4）交流调压器及变频器把固定或变化的交流电压变换成可调或固定的交流电压。

　　这些装置单独应用了相关的变换技术，它们可以直接适用于某些特定场合。但也有不少其他装置综合运用了几种技术，比如变频器可能就结合了整流、斩波及逆变技术。可以说，电力电子装置及产品五花八门、品种繁多，被广泛应用于各个领域。其主要领域包括以下几方面。

一、工矿企业

电力电子技术在工业中的应用主要是过程控制与自动化。在过程控制中，需要对泵类和压缩机类负载进行调速，以得到更好的运行特性，满足控制的需要。自动化工厂中的机器人由伺服电动机驱动（速度和位置均可控制），而伺服电动机往往采用电力电子装置驱动才能满足需要。另外，电镀行业要用到可控整流器作为电镀槽的供电电源。电化学工业中的电解铝、电解食盐水等也需要大容量的整流电源。炼钢厂里轧钢机的调速装置运用了电力电子技术的变频技术。工矿企业中还涉及电气工艺的应用，如电焊铁、感应加热等都应用了电力电子技术。

二、家用电器

运用电力电子技术的家用电器越来越多。洗衣机、电冰箱、空调等采用了变频技术来控制电动机。电力电子技术还与信息电子技术相结合，使这些家用电器具有智能和节能的作用。如果离开了电力电子技术，这些家用电器的智能化、低电耗是无法实现的。另外，电视机、微波炉甚至电风扇也都应用电力电子技术。照明电器在家庭中大量使用；现在家庭中大量使用的"节能灯""应急灯""电池充电器"就采用了电力电子技术。

三、交通及运输

电力机车、地铁及城市有轨或无轨电车几乎都运用电力电子技术进行调速及控制。斩波器在这一方面得到大量的应用。在中国上海，世界上首次投入商业运作的磁悬浮列车运行系统涉及配电、驱动控制等。毫无疑问，电力电子技术在其中占有重要地位。还有像在工厂、车站短途运载货物的叉车、电梯等，也用到斩波器和变频器进行调速等控制。

四、电力系统

电力电子技术在电力系统中有许多独特的应用，例如高压直流输电（HVDC），在输电线路的送端将工频交流变为直流，在受端再将直流变回工频交流。电力电子技术和装置已开始逐渐在电力系统中起重要作用，使得利用已有的电力网输送更大容量以及功率潮流灵活可控成为可能。电力电子装置还用于太阳能发电、风力发电装置与电力系统的连接。电网功率因数补偿和谐波抑制是保证电网质量的重要手段。晶闸管投切电抗器（TCR）、晶闸管投切电容器（TSC）都是重要的无功补偿装置。20 世纪 70 年代出现的静止无功发生器（SVG）、有源电力滤波器（APF）等具有更为优越的补偿性能。此外，电力电子装置还可用于防止电网瞬时停电、瞬时电压跌落、闪变等。这些装置和补偿装置的应用可进行电能质量控制、改善电网质量。

五、航空航天和军事

航天飞行器的各种电子仪器和航天生活器具都需要电源。在飞行时，为了最大限度地利用飞行器上有限的能源，就需要采用电力电子技术。即使用太阳能电池为飞行器提供能源，充分转换及节省能源是非常重要的。军事上一些武器装备也需要用到轻便、节电的电源装置，自然也就要用到电力电子技术。

六、通信

通信系统中要使用符合通信电气标准的电源和蓄电池充电器。新型的通用一次电源，是将市电直接整流，然后经过高频开关功率交换，再经过整流、滤波，最后得到 48V 的直流电源。在这里大量应用了功率 MOSFET 管，开关工作频率广泛采用 100kHz。与传统的一次电源相比，其体积、质量大大减小，效率显著提高。国内已先后推出 48V/20A、48V/30A、48V/50A、48V/100A、48V/200A 等系列产品，以满足不同容量的需求。

七、新能源应用

风力发电中常用到三种运行方式：独立运行、联合供电方式、并网型风力发电运行方式，这些都离不开电力电子技术。并网光伏发电系统中，太阳电池方阵发出的直流电力经过逆变器变换成交流电。此外，在新能源汽车中，使用的蓄电池、太阳电池、燃料电池、高速飞轮电池、超级电容、电动机及其驱动系统、能源管理系统、电源变换装置、能量回馈系统及充电器中，电力电子技术发挥着重要的作用。

从上述例子可以看出，电力电子技术的应用已经渗透到国民经济建设和国民生活的各个领域。这些例子也说明，在工业、通信及人们日常生活等方面，所用到的电能许多并不是直接取自于市电，而是要通过电力电子装置将市电转换成符合用电设备所要求的电能形式，而这种需求促进了电力电子技术的广泛应用。事实上，一些发达国家 50% 以上的电能形式都是通过电力电子装置对负载供电，我国也有接近 30% 的电能通过电力电子装置转换。可以预见，现代工业和人民生活对电力电子技术的依赖性将越来越大，这也正是电力电子技术的研究经久不衰及快速发展的根本原因。

第三节　电力电子技术的展望

一、功率器件

功率器件的发展是电力电子技术发展的基础。功率 MOSFET 至今仍是最快的功率器件，减少其通态电阻仍是今后功率 MOSFET 的主要研究方向。1998 年出现了超级结（superjunction）的概念，通过引入等效漂移区，在保持阻断电压能力的前提下，有效地减少了 MOSFET 的导通电阻，这种 MOSFET 被称为 CoolMOS。CoolMOS 与普通 MOSFET 结构的比较如图 1-4 所示。其中 N^+_{sub} 表示器件衬底，N^-_{epl} 表示厚的低掺杂的 N⁻ 外延层。比如 600V 耐压的 CoolMOS 的通态电阻仅为普通 M0SFET 的 1/5。它在中小开关电源、固体开关中得到广泛的应用。

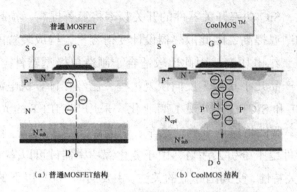

（a）普通MOSFET结构　　　（b）CoolMOS结构

图 1-4　CoolMOS 与普通 MOSFET 结构的比较

IGBT 综合了场控器件快速性的优点和双极型器件低通态压降的优点。IGBT 的高压、大容量也是长期以来的研究目标。1985 年，人们认为 IGBT 的极限耐压为 2kV，然而 IGBT 器件的阻断电压上限不断刷新，目前已达到 6.5kV。采用 IGBT 改造 GT0 变频装置，减小了装置的体积和损耗。IGBT 阻断电压的提高，使其能覆盖更大的功率应用领域，如 IGBT 替代 GT0 改造原有电气化电力机车的变频器。IGBT 正不断地蚕食晶闸管、GT0 的传统领地，在大功率应用场合极具渗透力。提高 IGBT 器件的可靠性，如采用压接工艺等也是重要发展方向之一。对于应用于市电的电力电子装置的低压 IGBT 器件，其主要性能提高目标是降低通态压降和提高开关速度，出现了沟槽栅结构 IGBT 器件。面 lifeIGBT 的追赶，出现 GTO 的更新换代产品 IGCT，如图 1-5 所示。IGCT 通过分布集成门极驱动、浅层发射极等技术使器件的开关速度有一定的提高，同时减小了门极驱动功率，方便了应用。IGCT 正面临 ICBT 的严峻竞争，IGCT 的出路是高压、大容量化，可在未来的柔性交流输电（FACTS）应用中寻找出路。

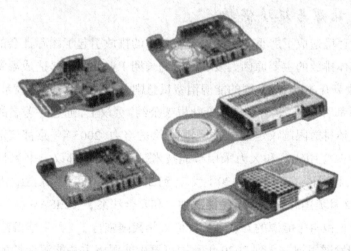

图 1-5　ABB 开发的 IGCT

宽禁带功率器件是 21 世纪最有发展潜力的电力电子器件之一。目前最受关注的两种宽禁带材料是碳化硅（SiC）和氮化镓（GaN），图 1-6 是两种宽禁带材料与硅材料的特性比较。SiC 材料的临界电场强度是硅材料的 10 倍，热导率是硅材料的 3 倍，结温超过 200t。从理论上讲，SiC 功率开关器件的开关频率将显著提高，损耗减至硅功率器件的 1/10。由于热导率和结温提高，因此散热器设计变得容易，构成装置的体积变得更小。由于 SiC 器件的禁带宽、结电压高，因此比较适合于制造单极型器件。目前 600V 和 1.2kV 的 SiC 肖特基二极管产品几乎具有零反向恢复过程，已经在计算机电源中得到应用。2011 年 1200VSiCMOSFET 和 SiCJEFT 实现了商业化。采用 SiCJEFT 的光伏逆变器实现 99% 的变换效率。SiC 功率器件将应用于电动汽车、新能源并网逆变器、智能电网等场合。近年来，氮化镓功率器件也十分引人注目，由于氮化镓功率器件可以集成在廉价的硅基衬底上，并具有超快的开关特性，受到国际上的关注。主要面向 900V 以下的场合，如开关电源、开关功率放大器、汽车电子、光伏逆变器、家用电器等。

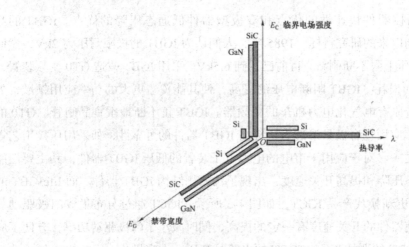

图 1-6 两种宽禁材料与硅材料的特性比较

二、再生能源与环境保护

现代社会对环境造成了严重的污染。温室气体的排放引起了国际社会的关注，大的能源消耗是温室气体排放的主要原因。发达国家的长期工业化过程是造成温室气体问题的主要原因。然而，改革开放以来，我国的能源消费量急剧上升，二氧化碳排放量也有较大增加。1997 年在日本京都召开的"联合国气候变化框架公约"会议上，通过了著名的《京都议定书》COP3，即温室气体排放限制议定书。通过国际社会的努力，2005 年《京都议定书》正式生效。

扩大再生能源应用比例和大力采用节能技术是实现《京都议定书》目标十分关键和有效的措施。欧盟制订了 20—20—20 计划，到 2020 年可再生能源占欧盟总能源消耗的 20%。2007 年 12 月美国总统签署了《能源独立和安全法案》（EISA）。

我国也十分重视再生能源的开发利用，2006 年我国施行了《再生能源法》。制定了《可再生能源中长期发展规划》，到 2020 年我国可再生能源将占总能源消耗的 15%。2010 年我国累计风电装机容量为 4200 万 kW，居世界第一，预计到 2020 年累计风电装机容量将逾 1 亿 kW。

2010 年我国累计光伏装机容量为 100 万 kW，预计到 2020 年我国累计光伏装机容量将逾 4000 万 kW。

光伏、风力、燃料电池等新能源推动了电力电子技术的发展，并形成了电力电子产品的巨大市场。由于光伏、风力等再生能源发出的是不稳定、波动的电能，必须通过电力电子变换器，将再生能源发出的不稳定、不可靠的"粗电"处理成高品质的电能。此外，电力电子变换器还具有风能或太阳能的最大捕获功能。因此，电力电子技术能提升新能源发电的可靠性、安全性，使其成为具有经济性、实用性的能源的支撑科技。

三、电动汽车

纯电动汽车与汽油汽车的一次能源利用率之比为 1∶0.6。因此，发展电动汽车可以提高能源的利用率，同时减少温室气体和有害气体的排放。电动汽车的关键技术是电池技术和电力电子技术。为回避对大容量动力电池的依赖，日本开发了将汽油驱动和电动驱动相结合的混合型电动汽车，并实现了产业化，如丰田 prius 和本田 Insight。图 1-8 所示为混合型电动汽车的驱动结构图。

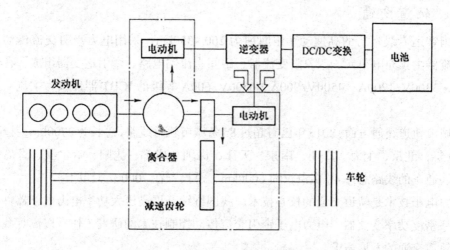

图 1-8　混合型电动汽车的驱动结构图

混合型电动汽车的产业化前景已引起美国汽车行业的注意，为防止失去混合型电动汽车的市场，美国开发 Plugin 混合型电动汽车，Plugin 混合型电动汽车配置了一个较大的电池。由于混合型电动汽车无法解脱依赖石油的束缚，纯电动汽车才是理想的目标，但需要解决电池的问题。铅酸电池价格低，但能量密度低，体积大，一次充电的持续里程短，可充电次数少。于是，开发比能量密度、比功率密度的电池成为研究热点。近年来，磷酸铁锂动力电池由于其安全性、比能量密度、比功率密度等综合优势，已在电动汽车中获得实际应用；另一种受到关注的电池是以氢为燃料的质子交换膜燃料电池，它具有能量密度高的显著特点，因此燃料电池电动汽车是未来理想环保的交通工具，图 1-9 所示为燃料电池电动汽车的结构。质子交换膜燃料电池开发重点是低成本化、长寿命。我国也十分重视电动汽车的研究开发，已在部分城市进行电动汽车的应用示范。电动汽车产业将带动如电动机驱动、逆变器、DC/DC 变换器、辅助电源、充电器等电力电子产品的发展。

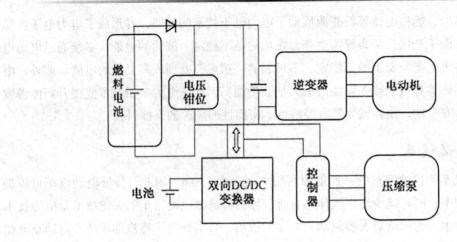

图 1-9　燃料电池电动汽车的结构

四、轨道交通

我国客运专线运行的高速动车组时速为 200~350km，采用电力牵引交流传动系统。牵引变流器由预充电单元、四象限变流器、中间直流侧电路、牵引逆变器组成。在牵引变流器中，3300V/1200A、4500V/900A、6500V/600A 等级的 ICBT 器件成为主流，各约占 1/3。

在城市轨道交通方面，2015 年已有超过 85 条城市轨道线路，总长为 2700km，甚至更长。到 2020 年，北京、上海、广州、南京、天津、深圳、成都、沈阳、哈尔滨、青岛等城市将建成、通车的线路总计 40 多条，约 6000km，总投资在 7000 亿元以上。

电力电子技术是轨道交通的核心技术。我国继续开展高压大功率电力电子器件、大容量高功率密度功率变流器、电力电子牵引交流传动控制技术的研发工作，以满足我国高铁和城市轨道交通的发展需求。

五、智能电网

目前在国际上正在进行一场电力系统的创新——智能电网。智能电网的核心技术包含信息技术、通信技术和电力电子技术。智能电网的目标是提高电力系统资产的利用率，减少能耗；提高电力系统的安全性、经济性；提高电力系统接纳新能源的能力，实现节能减排。智能电网将推动电力市场的发展，将使电力市场的发电方与供电方从垄断走向社会化。电力市场将促进分散供电系统的发展，可大幅度地减少电力输送的能耗，同时提高电力系统的安全性，有利于能源多样化的实施，对国家安全有利；有利于采用再生能源、环保发电技术。从技术层面来讲，电力市场的引入将出现按质论价的电能供应方式，产生对电力品质改善的装置，如不间断电源（UPS）、静止无功补偿装置（SVC）、静止无功发生器（SVG）、动态电压恢复器（DVR）、电力有源滤波器（APF）、限流器、电力储能装置、微型燃气发电机（micro gas turbo）等；再生能源、环保发电技术等分散发电将需要交直流变流装置。电力市场将使柔性交流输电技术全面应用成为现实，带动直流输电（HVDC）、背靠背装置（BTB）、统一潮流控制器（UPFC）等电力电子技术的应用。

目前再生能源的规模应用仍存在一定的困难，风能、光伏等再生能源存在间歇性、不稳定性等问题。针对分布式电源的困境，"微网"的概念应运而生。微网将化石能源、光伏、风力、储能装置等局部的电源和局部负荷构成一个小型的电能网络，可以独立于外电网或与外电网相连。可弥补再生能源存在的间歇性、不稳定性等问题。微网可以小到给一户居民供电，大到给一个工厂或社区或一个工业区供电。微网可以通过一个潮流控制环节与外部大电网相连，既能实现微网与大电网的电能交换，也能实现微网与外电网故障的隔离。此外，微网具有能源利用率高的显著特点，如果采用热电联产，可以进一步提升能源利用效率。可见，微网能够起到风能、光伏等分布式电源规模化推广的助推器的作用。

随着电动汽车的普及，大量电动汽车同时充电将对电力系统造成沉重负担，需要将智能电网和储能技术相结合，借助市场杠杆实现充电的智能管理。另外，每个电动汽车都是一个储能装置，这种数量众多的分布式的储能装置，可以用来增加电力系统备用能力、实现电源与负荷平衡、提高故障处理能力、提升系统的经济性，是一种新的调控工具。于是就出现了所谓电动汽车对电网作用的研究（V2G）。

六、IT产业

由于IT技术的迅速普及，计算机、网络设备、办公设备的电力消耗日益增加，提高IT设备能源利用效率变得越来越重要。

图1-10所示为传统数据中心电源系统的电能利用效率分析，其利用率约为70%，一次能源的利用率仅为24%，其能源利用率不高的主要原因是串联的功率变换环节级数太多。一次能源由电站转换成电能，然后通过输配电系统到达用户，再通过不间断电源（UPS）、整流器（AC/DC）、隔离型直流/直流变换器（DC/DC）、负载电源调节器（POL），最后供给数据处理芯片（CPU）。目前，出现了一种高压直流供电（HVDC）的数据中心电源系统方案，以减少串联的功率变换环节的级数。未来光伏、燃料电池等新能源发电将被引入数据中心电源系统，以实现节能排放，同时可以提高数据中心电源系统的可靠性。

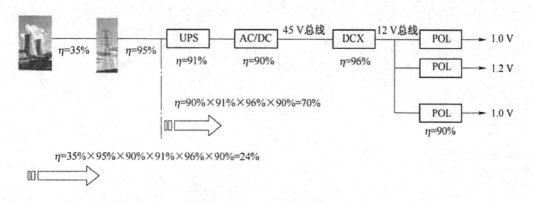

图1-10 传统数据中心电源系统的电能利用效率分析

电源效率的提高，轻载或待机损耗下降，提高电源的功率密度将是未来的重要课题。电源的标准化、智能化、与新能源的融合将是计算机、网络电源发展的方向。

电力电子技术已经渗透到现代社会的各个方面，未来 90% 的电能均需通过电力电子设备处理后再加以利用，以便提高能源利用率，提高工业生产的效率，实现再生能源的最大利用。电力电子技术将在 21 世纪中为建设一个节能、环保、和谐的人类家园发挥重要的作用。

第二章 电子元器件和电子基本技能

电能的变换是利用开关截取直流电或交流电的片段，重新组合为所希望波形的电能。理想的开关应当具有理想的静态和动态性能，在截止状态时能承受高电压，电流为零；在导通状态时能流过大电流，电压为零；在开关状态转换过程中，快速导通或关断，能承受较高的电压和电流变化率；可以双向导通（即通过开关的电流可双向流通）并可方便地进行控制。目前，电力电子器件是最接近理想开关的器件，在电力变换电路得到广泛的应用，成为电力电子应用技术最基础、最重要的部分。作为变流电路的主要元件，电力电子器件的性能关系着变流电路的结构和性能，各种电力电子器件的特性、特点及使用方法成为学好电力电子技术课程的必备知识。

第一节 电子元器件概述

电力电子器件是建立在半导体原理基础上的，因此又称为功率半导体器件，它能承受较高的工作电压，具有较高的放大倍数。目前应用较广的电力半导体器件所用的主要材料仍然是硅。

一、电力电子器件的分类

（一）按照被控制程度

电力电子器件按照能够被控制信号所控制的程度可以分为不可控器件、半控型器件和全控型器件 3 类。

（1）不用控制信号来控制其通断的电力电子器件称为不可控器件。不可控器件不需要驱动电路，例如，电力二极管没有控制极，只有两个端子，其基本特性与电子电路中的二极管样，器件的导通和关断完全由其在主电路中承受的电压和流过的电流决定。

（2）通过控制信号控制其导通而不能控制其关断的电力电子器件称为半控型器件。控型器件主要是晶闸管系列器件（门极关断晶闸管除外），其关断情况与电力二极管完全相同。

（3）通过控制信号控制导通关断的电力电子器件称为全控型器件。全控型器件的品种很多，目前最常用的有绝缘栅双极型晶体管和电力场效应晶体管，在处理兆瓦级大功率电能的场合，门极关断晶闸管的应用也较多。

（二）按照驱动电路信号的性质

半控型器件和全控型器件都有控制极，称为可控器件。控制器件通断的信号称为驱动信号，产生驱动信号的电路称为驱动电路。按照驱动电路加在电力电子器件控制端和公共端之间的信号的性质可以将电力电子器件（电力二极管除外）分为电流驱动型和电压驱动型两类。电流驱动型器件要求从控制端注入或者抽出电流且达到一定的数量级才能实现导通或关断的控制。电压驱动型器件只要在控制端和公共端之间施加一定的电压信号就可以实现导通或关断的控制，需要的控制电流很小（一般在毫安级）。电压驱动型器件实际是通过在控制极上产生电场来控制器件的通断，所以又称为场控器件。

（三）按照内部载流子的性质

电力电子器件按照内部载流子的工作性质分类，可分为单极型、双极型和复合型 3 类。

（1）单极型器件：导通时只有空穴或电子一种载流子导电的器件。属于单极型器件的有功率场效应晶体管，具有工作频率高、导通压降大、单个器件容量小的特点。

（2）双极型器件：导通时的载流子既有空穴又有电子导电的器件。属于双极型器件的有功率二极管、晶闸管及其派生器件、门极关断晶闸管、双极型功率晶体管等，通常具有功率高、工作频率低的特点。

（3）复合型器件：复合型器件既有单极型器件的结构，又有双极型器件的结构，通常其控制部分采用单极型结构，主功率部分采用双极型结构。属于复合型器件的有绝缘栅双极型晶体管、MOS 控制晶闸管等。复合型器件结合了两者的优点，具有卓越的电气性能，是电力电子器件的发展方向。

二、电力电子系统的组成

电力电子器件一般由控制电路、驱动电路和以电力电子器件为核心的主电路组成，如图 2-1 所示。控制电路按照系统的工作要求形成控制信号，通过驱动电路控制主电路中电力电子器件的通断来完成整个系统的功能。因此，从宏观的角度讲，电力电子电路也称为电力电子系统。电力电子系统需要检测主电路或者应用现场的信号，根据检测信号按照系统的工作要求来形成控制信号，因此还需要有检测电路。广义上，人们往往将检测电路和驱动电路等主电路以外的电路归为控制电路，因此电力电子系统是由主电路和控制电路组成的。主电路的电压和电流一般较大，而控制电路的元器件只能承受较小的电压和电流，因此需要在主电路和控制电路连接的路径上进行电气隔离，例如，在驱动电路与主电路的连接处或者驱动电路与控制电路的连接处，以及主电路与检测电路的连接处，通过光、磁等手段传递信号。此外，由于主电路中往往有电压和电流的过冲，而电力电子器件一般比主电路中的元器件昂贵，但承受过电压和过电流的能力却要差一些，因此，需要在主电路和控制电路中附加一些保护电路，以保证电力电子器件和整个电力电子系统正常、可靠地运行。

从图 2-1 中可以看出，电力电子器件有 3 个端子（极或引脚），其中两个端子是连接在主电路中的端子，流通主电路电流，而第三端称为控制端（或控制极）。

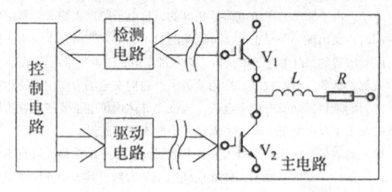

图 2-1 电力电子器件在实际应用中的系统组成

第二节 电力二极管

在电力电子装置中，常使用不可控的电力二极管。这种电力电子器件常被用于为不可控整流、电感性负载回路的续流、电压源型逆变电路提供无功路径以及电流源型逆变电路换流电容与反电势负载的隔离等场合。由于电力二极管的基本工作原理和特性与一般电子线路中使用的二极管相同，本节着重在大功率、快恢复等特点上进行阐述。

一、PN 结与功率二极管的工作原理

（一）半导体 PN 结

自然界中的物质按其导电性能可分为三大类：

（1）导体：铜、银、铝等金属物质，其原子模型外层电子受束缚力较弱，在外电场的作用下可自由运动形成电流，因此这类金属材料都是良好的导体，具有很强的导电能力。

（2）绝缘体：橡皮、陶瓷、塑料和石英等物质其原子模型外层没有自由电子，因而其导电能力很差，都是很好的绝缘体。

（3）半导体：半导体材料，如硅、锗等，其导电性能介于导体和绝缘体之间。纯净的硅（或锗）原子构成的晶体称为本征半导体。半导体材料虽既不能像导体材料那样用于传导电流，又不能像绝缘材料那样隔离带电体，但由于它具有一些宝贵的特性而获得了广泛应用。例如：现已广泛应用的半导体材料大都是由掺入了微量杂质的硅元素（或锗元素）材料研制得到的。硅（或锗）在化学元素周期表中属第Ⅳ族元素，其原子结构模型的最外层有 4 个电子，每个电子都与邻近的另一个硅原子的外层电子形成共价键电子对结构，这种处于共价键结构中的价电子受共价键的束缚而不易自由运动。因此纯净的硅（或锗），即本征半导体由于缺乏能自由运动的带电粒子——载流子，其导电性并不好。

本征半导体中处于共价键上的某些价电子在接受外界能量激发后也可能脱离共价键的束缚成为自由电子。由于原子的正负电荷是相等的，价电子脱离束缚成为自由电子（电子带负电荷）的同时，又出现一个带正电、可运动的粒子"空穴"。在本征半导体内，自由电子和空穴是成对出现的。自由电子带负电，空穴带正电，二者所带电量相等，符号相反。自由电子和空穴都是运载电荷的粒子，称为载流子，它们在电场力作用下的运动称为漂移运动，载流子定向的漂移运动就形成了电流。本征半导体内价电子要挣脱共价键束缚是很困难的，因此载流子（自由电子、空穴）漂移运动形成的电流很小。

如果在Ⅳ族元素本征半导体硅中掺入一个Ⅴ族元素（原子结构最外层有5个电子，比硅原子多一个电子）砷（或磷）原子，砷取代硅原子位置后，其5个外层电子中有4个与邻近的硅原子外层电子组成共价键电子对，则半导体硅中就出现未被组成共价键电子对的一个自由电子。自由电子移开后，Ⅴ族的掺杂元素砷原子就变成一个不能移动的带正电的离子。只要掺入少量的Ⅴ族杂质元素砷，即可使硅半导体中产生大量的在电场作用下能形成电流的带负电的载流子——自由电子，显著地增强半导体的导电性，这种主要靠带负电的（negative）电子导电的半导体被称为N型半导体。N型半导体中主要的导电载流子是电子，其中只有很少的受光、热激发而产生的空穴，因此N型半导体中电子是多数载流子（简称多子），空穴是少数载流子（简称少子）。

如果在Ⅳ族元素本征半导体硅中掺入一个Ⅲ族元素（原子结构最外层只有3个电子，比硅原子少一个）硼（或铝）原子，硼原子的外层电子与硅原子外层电子组成共价键时缺少一个电子，即多了一个空位——空穴。邻近硅原子的价电子填补掺杂原子硼的这个空位后，掺杂元素硼原子的外层就多一个电子而成为负离子，同时又使邻近原子处有了一个带正电的空穴，因此，半导体硅中就出现一个可运动的带正电的空穴粒子和一个不能移动带负电的硼离子。只要掺入少量的Ⅲ族杂质元素硼即可使硅半导体中产生大量的在电场作用下可形成电流的带正电的载流子——空穴粒子，显著地增强半导体的导电性。这种主要靠带正电（positive）空穴导电的半导体被称为P型半导体。P型半导体中主要的导电载流子是空穴，其中只有很少的受光、热激发而产生的自由电子，因此P型半导体中空穴是多数载流子（简称多子），自由电子是少数载流子（简称少子）。

电力二极管基本结构和工作原理与信息电子电路中的二极管一样，由一个面积较大的PN结和两端引线以及封装组成的。

（二）电力二极管的结构

电力二极管的内部结构是一个具有P型及N型两层半导体、一个PN结和阳极A、阴极K的两层两端半导体器件，其外形如图2-2所示，其符号表示如图2-3所示。从外部构成看，可分成管芯和散热器两部分。这是由于二极管工作时管芯中要通过强大的电流，而PN结又有一定的正向电阻，管芯会因损能而发热。为了管芯的冷却，必须配备散热器。一般情况下，200A以下的管芯采用螺旋式，200A以上则采用平板式。

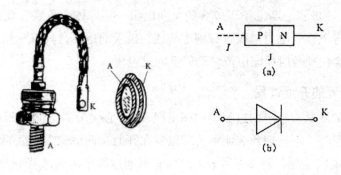

图 2-2 电力二极管外形   图 2-3 电力二极管符号

二、电力二极管的特性

（一）电力二极管的伏安特性

二极管阳极和阴极间的电压 U_{ak}，与阳极电流 i_a 间的关系称为伏安特性，如图 2-4 所示。第 I 象限为正向特性区，表现为正向导通状态。当加上小于 0.5V 的正向阳极电压时，二极管只流过微小的正向电流。当正向阳极电压超过 0.5V 时，正向电流急剧增加，曲线呈现与纵轴平行趋势。此时阳极电流的大小完全由外电路决定，二极管只承受一个很小的管压降 U_F=0.4–1.2V。

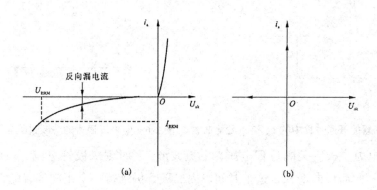

图 2-4 电力二极管的伏安特性

（a）实际特性；（b）理想特性

第 III 象限为反向特性区，表现为反向阻断状态。当二极管加上反向阳极电压时，开始只有极小的反向漏电流，特性平行横轴。随着电压增加，反向电流有所增大。当反向电压增加到一定程度时，漏电流就开始急剧增加，此时必须对反向电压加以限制，否则二极管将因反向电压击穿而损坏，如图 2-4（a）所示。由于电力二极管的通态压降和反向漏电流数值都很小，忽略通态压降和反向漏电流后的电力二极管的理想伏安特性如图 2-4（b）所示。

（二）电力二极管的开通、关断特性

电力二极管的工作原理和一般二极管一样都是基于 PN 结的单向导电性，即加上正向阳极电压时，PN 结正向偏置，二极管导通，呈现较小的正向电阻；加上反向阳极电压时，

PN 结反向偏置，二极管阻断，呈现极大的反向电阻。半导体变流装置就是利用了电力二极管的这种单向导电性。电力二极管有别于普通二极管的地方是具有延迟导通和延迟关断的特征，关断时会出现瞬时反向电流和瞬时反向过电压。

1. 电力二极管的开通过程

电力二极管的开通需一定的过程，初期出现较高的瞬态压降，过一段时间后才达到稳定，且导通压降很小。上述现象表明电力二极管在开通初期呈现出明显的电感效应，无法立即响应正向电流的变化。图 2-5 为电力二极管开通过程中的管压降 u_D 和正向电流 i_D 的变化曲线。由图 2-5 可见，在正向恢复时间 t_{fr} 内，正在开通的电力二极管上承受的峰值电压 U_{DM} 比稳态管压降高得多，在有些二极管中的峰值电压可达几十伏。

电力二极管开通时呈现的电感效应与器件内部机理、引线长度、器件封装所采用的磁性材料有关。在高频电路中作为快速开关器件使用时，应考虑大功率二极管的正向恢复时间等因素。

2. 电力二极管的关断过程

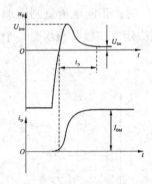
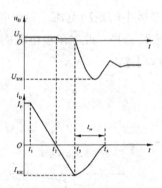

图 2-5　电力二极管的开通过程中的 u_D 和 i_D 变化曲线　图 2-6　电力二极管的关断过程电压、电流波形

图 2-6 为电力二极管关断过程电压、电流波形。t_1 时刻二极管电流 I_F，开始下降，t_2 时刻下降至零，此后反向增长，这个时间段内二极管仍维持一个正向偏置的管压降 U_{DO}。t_2 时刻反向电流达其峰值 I_{RM}，然后突然衰减，至 t_4 时为零。图中 $t_{rr} = t_4 - t_3$ 为反向恢复时间。这样的电流、电压波形是电力二极管内载流子或电荷分布与变化的结果。t_2 时刻后，尽管流过的电流已反向，但二极管仍正向偏置，决定了管内 PN 结存储的电荷仍是一个正向分布。从正的电荷分布到能承受、反压时，需要花时间来改变这个电荷分布，也就产生了关断时延。电荷变化的大小决定了反向恢复电流的峰值 I_{RM}，所以正向电流 I_F 越大，总的电荷变化也大，I_{RM} 也大。随着载流子或电荷的消失，二极管电阻增大，到一定阻值就阻断了反向恢复电流。如果反向电流很快下降至零，将会在带电感的电路中感应出一个危险的过电压，危及二极管的安全，必须采用适当的吸收电路来加以保护。

当电力二极管应用在低频整流电路时可不考虑其动态过程，但在高频逆变器、高频整流器、缓冲电路等频率较高的电力电子电路中就要考虑电力二极管的开通、关断等动态过程。在上述频率较高的电路中通常使用快恢复二极管。反向恢复时间很短的电力二极管称为快恢复二极管，简称快速二极管。快速二极管在结构上可分为 PN 结型结构和改进的 PIN 型结构，在同等容量下，PIN 型结构具有导通压降低，反向快速恢复性能好的优点。普通电力二极管的反向恢复时间 t_{rr}=2~5μs，快速恢复二极管的反向恢复时间 t_{rr}=200~500ns。

普通电力二极管的特点是：漏电流小、通态压降较高（0.7~1.8V）、反向恢复时间较长、可获得很高的电压和电流定额，多用于牵引、充电、电镀等对转换速度要求不高的电力电子装置中。较快的反向恢复时间是快恢复二极管的显著特点，但是它的通态压降却很高（1.6~4V），它常应用于斩波、逆变等电路中充当旁路二极管或阻塞二极管。以金属和半导体接触形成的势垒为基础的二极管，称为肖特基二极管，肖特基整流管兼有快的反向恢复时间和低的通态压降（0.3~0.6V）的优点，但其漏电流较大、耐压能力小，常用于高频低压仪表和开关电源。

三、电力二极管的主要参数

（一）正向平均电流（额定电流）IF

正向平均电流是指在规定 +40℃的环境温度和标准散热条件下，元件结温达到额定且稳定时，容许长时间连续流过工频正弦半波电流的平均值。将此电流整化到等于或小于规定的电流等级，则为该二极管的额定电流。在选用大功率二极管时，应按元件允许通过的电流有效值来选取。对应额定电流 I_F 的有效值为 1.57I_F。

（二）反向重复峰值电压（额定电压）U_{RRM}

在额定结温条件下，元件反向伏安特性曲线（第Ⅲ象限）急剧拐弯处所对应的反向峰值电压称为反向不重复峰值电压 U_{RsM}。反向不重复峰值电压值的 80% 称为反向重复峰值电压 U_{RRM}。再将 U_{RRM} 整化到等于或小于该值的电压等级，即为元件的额定电压。

（三）正向平均电压 U_F

在规定的 +40℃环境温度和标准的散热条件下，元件通以工频正弦半波额定正向平均电流时，元件阳、阴极间电压的平均值，有时也称为管压降。元件发热与损耗和蛛有关，一般应选用管压降小的元件，以降低元件的导通损耗。

（四）电力二极管的型号

普通型电力二极管型号用 ZP 表示，其中 Z 代表整流特性，P 为普通型。普通型电力二极管型号可表示如下：

ZP[电流等级]–[电压等级 /100][通态平均电压组别]

如型号为 ZP50-16 的电力二极管表示：普通型电力二极管，额定电流为 50A，额定电压为 1600V。

第三节　晶闸管及其派生元件

晶闸管（SCR）也称可控硅，属半控型功率半导体器件。晶闸管能承受的电压、电流在功率半导体器件中均为最高，价格便宜、工作可靠，尽管其开关频率较低，但在大功率、低频的电力电子装置中仍占主导地位。

一、晶闸管的结构

晶闸管是大功率的半导体器件，从总体结构上看，可区分为管芯（图 2-7）及散热器两大部分。

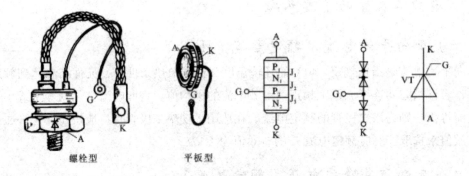

螺栓型　　　　平板型

图 2-7　晶闸管管芯及电路符号表示

管芯是晶闸管的本体部分，由半导体材料构成，具有三个与外电路连接的电极：阳极 A、阴极 K 和门极（或称控制极）G，其电路图中符号表示如图 2-7 所示。散热器则是为了将管芯在工作时由损耗产生的热量带走而设置的冷却器。按照晶闸管管芯与散热器间的安装方式，晶闸管可分为螺栓型与平板型两种。螺栓型依靠螺栓将管芯与散热器紧密连接在一起，并靠相互接触的一个面传递热量。显然，螺旋形结构散热效果差，用于 200A 以下容量的元件；平板型结构散热效果较好，可用于 200A 以上的元件。冷却散热片的介质可以是空气，有白冷与风冷之分。白冷是利用空气的自然流动进行热交换带走传递到散热片表面的热量；风冷则是采用强迫通风设备来吹拂散热器表面带走热量，显然强迫风冷的效果比白冷效果好，由于水作为散热介质时其热容量比空气大，故在大容量或者相当容量却需要缩小散热器体积的情况下，可以采用水冷结构。水冷是用水作散热介质，使它流过平板型管芯的两个面，带走器件下作时产生的热量。

晶闸管管芯的内部结构是一个四层（P_1—N_1—P_2—N_2）三端（A、K、G）的功率半导体器件。它是在 N 型的硅基片（N_1）的两边扩散 P 型半导体杂质层（P_1、P_2），形成了两个 PN 结 J_1、J_2。再在 P_2 层内扩散 N 型半导体杂质层 N_2 又形成另一个 PN 结 J_3。然后在相应位置放置铝片作电极，引出阳极 A、阴极 K 及门极 G，形成了一个四层三端的大功率电子元件。这个四层半导体器件由于有三个 PN 结的存在，决定了它的可控导通特性。

二、晶闸管的工作原理

晶闸管内部结构上有三个 PN 结。当阳极加上负电压、阴极加上正电压时（晶闸管承受反向阳极电压），J_1、J_3 结上反向偏置，管子处于反向阻断状态，不导通；当阳极加上正电压、阴极加上负电压时（晶闸管承受正向阳极电压），J_2 结又处于反向偏置，管子处于正向阻断状态，仍然不导通。那么晶闸管在什么条件下才能从阻断变成导通，又在什么条件下才能从导通恢复为阻断呢？

当阳极电源使晶闸管阳极电位高于阴极电位时，晶闸管承受正向阳极电压，反之承受反向阳极电压。当门极控制电源使晶闸管门极电位高于阴极电位时，晶闸管承受正向门极电压，反之承受反向门极电压。通过理论分析和实验验证表明：

（1）只有当晶闸管同时承受正向阳极电压和正向门极电压时晶闸管才能导通，两者缺一不可。

（2）晶闸管一旦导通后门极将失去控制作用，门极电压对管子随后的导通或关断均不起作用，故使晶闸管导通的门极电压不必是一个持续的电平，只要是一个具有一定宽度的正向脉冲电压即可，脉冲的宽度与晶闸管的开通特性及负载性质有关。这个脉冲常称为触发脉冲。

（3）要使已导通的晶闸管关断，必须使阳极电流降低到某一数值之下（几十毫安）。这可以通过增大负载电阻，降低阳极电压至接近于零或施加反向阳极电压来实现。这个能保持晶闸管导通的最小电流称为维持电流，是晶闸管的一个重要参数。

晶闸管为什么会有以上导通和关断的特性，这与晶闸管内部发生的物理过程有关。晶闸管是一个具有 P_1—N_1—P_2—N_2 四层半导体的器件，内部形成三个 PN 结 J_1、J_2、J_3，晶闸管承受正向阳极电压时，其中 J_1、J_3 承受正向阻断电压，J_2 承受反向阻断电压。晶闸管可以看成是一个 PNP 型三极管 VT_1（P_1—N_1—P_2）和一个 PNP 型三极管 VT_2（N_1—P_2—N_2）组合而成，如图 2-8 所示。

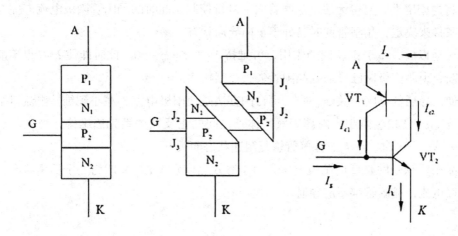

图 2-8　晶闸管的等效复合三极管效应

可以看出，两个晶体管连接的特点是一个晶体管的集电极电流是另一个晶体管的基极电流，当有足够的门极电流 I_g 流入时，两个相互复合的晶体管电路就会形成强烈的正反馈，导致两个晶体管饱和导通，也即晶闸管的导通。

设流入 VT_1 管的发射极电流 I_{e1}，即晶闸管的阳极电流 I_g，它就是 P_1 区内的空穴扩散电流。这样流过 J_2 结的电流应为 $I_{e1}=\alpha_1 I_e$，其中 $\alpha_1=I_{c1}/I_{e1}$ 为 VT_1 管的共基极电流放大倍数。同样流入 VT_2 管的发射极电流 I_{e2} 即晶闸管的阴极电流 I_k，它就是 N_2 区内的电子扩散电流。这样流过 J_2 结的电流为 $I_{c2}=\alpha_2 I_e$，其中的 $\alpha_2=I_{c2}/I_{e2}$，为 VT_2 管的共基极电流放大倍数。流过 J_2 结的电流除 I_{c1}、I_{c2}，还有在正向阳极电压下处于反压状态下 J_2 结的反向漏电流 I_{c0}，如果把两个晶体管分别看成两个广义的节点，则晶闸管的阳极电流应为

$$I_a = I_{c1} + I_{c2} + I_{c0} = \alpha_1 I_a + \alpha_2 I_k + I_{c0} \qquad (1\text{-}1)$$

晶闸管的阴极电流为

$$I_k = I_a + I_g \qquad (1\text{-}2)$$

从以上两式中可求出阳极电流表达式为

$$I_a = \frac{I_{c0} + \alpha_2 I_g}{1-(\alpha_1 + \alpha_2)} \qquad (1\text{-}3)$$

两个等效晶体管共基极电流放大倍数 α_1、α_2 是随其发射极电流 I_a、I_c 非线性变化的；当 I_a、I_c 很小时，α_1、α_2 也很小；α_1、α_2 随电流 I_a、I_c 增大而增大。

当晶闸管承受正向阳极电压但门极电压为零时，$I_c=0$。由于漏电流很小，I_a、I_c 也很小，致使 α_1、α_2 很小。由式（1-3）可见，此时 $I_a \approx I_{c0}$ 为正向漏电流，晶闸管处于正向阻断状态，不导通。

当晶闸管承受正向阳极电压而门极电流为 I_g 时，特别是当 I_g 增大到一定程度的时候，等效晶体管 VT_2 的发射极电流 I_{e2} 也增大，致使电流放大系数的随之增大，产生足够大的集电极电流 $I_{c2}=\alpha_2 I_{e2}$。由于两等效晶体管的复合接法 I_{c2} 即为 VT_1 的基极电流，从而使 I_{e1} 增大，α_1 也增大，α_1 的增大将导致产生更大的集电极电流 I_{e1} 流过 VT_2 管的基极，这样强烈的正反馈过程将导致两等效晶体管电流放大系数迅速增加。当 $\alpha_1+\alpha_2 \approx 1$ 时，式（1-3）表达的阳极电流 I_a 将急剧增大，变得无法从晶闸管内部进行控制，此时的晶闸管阳极电流 I_a 完全由外部电路条件来决定，晶闸管此时已处于正向导通状态。

正向导通以后，由于正反馈的作用，可维持 $1-(\alpha_1+\alpha_2) \approx 0$。此时即使 $I_g=0$ 也不能使晶闸管关断，说明门极对已导通的晶闸管失去控制作用。

为了使已导通的晶闸管关断，唯一可行的办法是使阳极电流 I_a 减小到维持电流以下。因为此时 α_1、α_2 已相应减小，内部等效晶体管之间的正反馈关系无法维持。当 α_1、α_2 减小到 $1-(\alpha_1+\alpha_2) \approx 1$ 时，$I_a \approx I_{c0}$，晶闸管恢复阻断状态而关断。

如果晶闸管承受的是反向阳极电压，由于等效晶体管 VT_1、VT_2 均处于反压状态，无论有无门极电流，晶闸管都不能导通。

四、晶闸管的基本特性

1. 静态特性

静态特性又称伏安特性，指的是器件端电压与电流的关系。这里介绍阳极伏安特性和门极伏安特性。

（1）阳极伏安特性

晶闸管的阳极伏安特性表示晶闸管阳极与阴极之间的电压 U_{ak} 与阳极电流 i_a 之间的关系曲线，如图 2-9 所示。

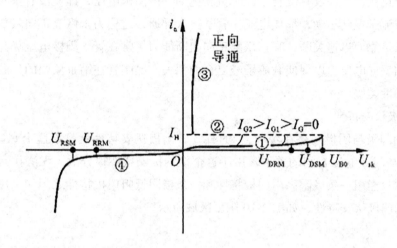

图 2-9　晶闸管阳极伏安特性

①正向阻断高阻区；②负阻区；③正向导通低阻区；④反向阻断高阻区

阳极伏安特性可以划分为两个区域：第 Ⅰ 象限为正向特性区，第 Ⅲ 象限为反向特性区。第 Ⅰ 象限的正向特性又可分为正向阻断状态及正向导通状态。正向阻断状态随着不同的门极电流 I_g 呈现不同的分支。在 $I_g=0$ 的情况下，随着正向阳极电压 U_{ak} 的增加，由于 J_2 结处于反压状态，晶闸管处于断态，在很大范围内只有很小的正向漏电流，特性曲线很靠近并与横轴平行。当 U_{ak} 增大到一个称为正向转折电压 U_{BO} 时，漏电流增大到一定数值，J_1、J_3 结内电场削弱很多，两等效晶体管的共基极电流放大系数 α_1、α_2 随之增大，使电子扩散电流的 $\alpha_2 I_k$ 与空穴扩散电流 $\alpha_1 I_n$ 分别与 J_2 结中的空穴和电子相复合，使得 J_2 结的电势壁垒消失。这样，晶闸管就由阻断突然变成导通，反映在特性曲线上就从正向阻断状态的高阻区①（高电压、小电流），经过虚线所示的负阻区②（电流增大、电压减小），到达导通状态的低阻区③（低电压、大电流）。

正向导通状态下的特性与一般二极管的正向特性一样，此时晶闸管流过很大的阳极电流而管子本身只承受约 1V 的管压降。特性曲线靠近并几乎平行于纵轴。在正常工作时，晶闸管是不允许采取使阳极电压高过转折电压 U_{BO} 而使之导通的工作方式，而是采用施加正向门极电压，送人触发电流 I_g 使之导通的工作方式，以防损伤元件。当加上门极电压使

$I_g > 0$ 后，晶闸管的正向转折电压就大大降低，元件将在较低的阳极电压下由阻断变为导通。当 I_g 足够大时，晶闸管的正向转折电压很小，相当于整流二极管一样，一加上正向阳极电压管子就可导通。晶闸管的正常导通应采取这种门极触发方式。

晶闸管正向阻断特性与门极电流 I_g 有关，说明门极可以控制晶闸管从正向阻断至正向导通的转化，即控制管子的开通。然而一旦管子导通，晶闸管就工作在与 I_g 无关的正向导通特性上。要关断管子，就只得像关断一般二极管一样，使阳极电流 I_a 减小。当阳极电流减小到 $I_a < I_H$（维持电流）时，晶闸管才能从正向导通的低阻区③返回到正向阻断的高阻区①，管子关断阳极电流 $I_a \approx 0$ 后并不意味着管子已真正关断，因为管内半导体层中的空穴或电子载流子仍然存在，没有复合。此时重新施加正向阳极电压，即使没有正向门极电压也可使这些载流子重新运动，形成电流，管子再次导通，这称为未恢复正向阻断能力。为了保证晶闸管可靠而迅速关断，真正恢复正向阻断能力，常在管子阳极电压降为零后再施加一段时间的反向电压，以促使载流子经复合而消失。晶闸管在第Ⅲ象限的反向特性与二极管的反向特性类似。

（2）门极伏安特性

晶闸管的门极与阴极间存在着一个 PN 结 J_3，门极伏安特性就是指这个 PN 结上正向门极电压 U_g 与门极电流 I_g 间的关系。由于这个结的伏安特性很分散，无法找到一条典型的代表曲线，只能用一条极限高阻门极特性和一条极限低阻门极特性之间的一片区域来代表所有元件的门极伏安特性，如图 2-10 阴影区域所示。

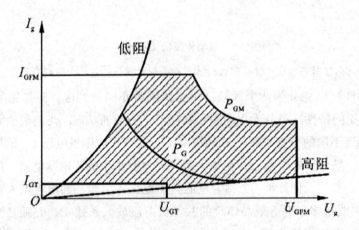

图 2-10　晶闸管门极伏安特性

在晶闸管的正常使用中，门极 PN 结不能承受过大的电压、电流及功率，这是门极伏安特性区的上界限，它们分别用门极正向峰值电压 U_{GFM}、门极正向峰值电流 I_{GFM}、门极峰值功率 P_{GE} 来表征。此外门极触发也具有一定的灵敏度，为了能可靠地触发晶闸管，正向门极电压必须大于门极触发电压 U_{CT}，正向门极电流必须大于门极触发电流 I_{CT}。U_{CT}、I_{CT} 规定了门极上的电压、电流值必须位于图 2-11 的阴影区内，而平均功率损耗也不应超过规定的平均功率 P_G。

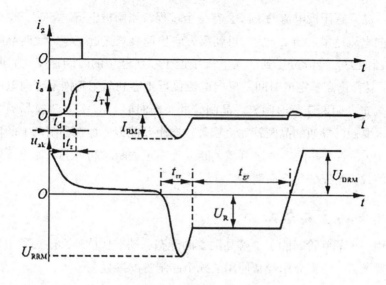

图 2-11 晶闸管的开关特性

2. 动态特性

当晶闸管作为开关元件应用于电力电子电路时，应考虑晶闸管的开关特性，即开通特性和关断特性。

（1）开通特性

晶闸管开通方式一般有：①主电压开通：门极开路，将主电压 U_{ak} 加到断态不重复峰值电压 U_{BO}，使晶闸管导通，这也称为硬导通，这种开通方式会损坏晶闸管，在正常工作时不能使用。②门极电流开通：在正向阳极电压的条件下，加入正向门极电压，使晶闸管导通。一般情况下，晶闸管都采用这种方式开通。③ du/dt 开通：门极开路，晶闸管阳极正向电压变化率过大而导致器件开通，这种开通属于误动作，应该避免。另外还有场控、光控、温控等开通方式，分别适用于场控晶闸管、光控晶闸管和温控晶闸管。

晶闸管由截止转为导通的过程为开通过程。图 2-11 给出了晶闸管的开关特性。在晶闸管处于正向阻断的条件下突加门极触发电流，由于晶闸管内部正反馈过程及外电路电感的影响，阳极电流的增长需要一定的时间。从突加门极电流时刻到阳极电流上升到稳定值入的 10% 所需的时间称为延迟时间 t_d，而阳极电流从 $10\%I_T$ 上升到 $90\%I_T$ 所需的时间称为上升时间 t_r，延迟时间与上升时间之和为晶闸管的开通时间 $t_{gt}=t_d+tr$，普通晶闸管的延迟时间为 $0.5\sim1.5\mu s$，上升时间为 $0.5\sim3\mu s$。延迟时间随门极电流的增大而减少，延迟时间和上升时间随阳极电压上升而下降。

（2）关断特性

通常采用外加反压的方法将已导通的晶闸管关断。反压可利用电源、负载和辅助换流电路来提供。

要关断已导通的晶闸管，通常给晶闸管加反向阳极电压。晶闸管的关断就是要使各层区内载流子消失，使元件对正向阳极电压恢复阻断能力。突加反向阳极电压后，由于外电路电感的存在，晶闸管阳极电流的下降会有一个过程，当阳极电流过零时，也会出现反向恢复电流，反向电流达最大值 I_{RM} 后，再朝反方向快速衰减接近于零，此时晶闸管恢复对反向电压的阻断能力。电流过零到反向电流接近于零所经历的时间称反向阻断恢复时间 t_{rr}。由于载流子复合仍需一定的时间，反向电流接近于零到晶闸管恢复正向电压阻断能力所需的时间称为正向阻断恢复时间 t_{gr}。晶闸管的关断时间 $t_q=t_{rr}+t_{gr}$。普通晶闸管的关断时间为几百微秒。要使已导通的晶闸管完全恢复正向阻断能力，加在晶闸管上的反向阳极电压时间必须大于 t_q，否则晶闸管无法可靠关断。为缩短关断时间可适当加大反压，并保持一段时间，以使载流子充分复合而消失。

五、晶闸管的主要参数

要正确使用一个晶闸管，除了了解晶闸管的静态、动态特性外，还必须定量地掌握晶闸管的一些主要参数。下面介绍经常使用的几个晶闸管的参数。

1. 电压参数

（1）断态重复峰值电压 U_{DRM}

门极开路，元件额定结温时，从晶闸管阳极伏安特性正向阻断高阻区（图 2-9 中的曲线①）漏电流急剧增长的拐弯处所决定的电压称为断态不重复峰值电压 U_{DRM}，"不重复"表明这个电压不可长期重复施加。取断态不重复峰值电压的 80% 定义为断态重复峰值电压 U_{DRM}，"重复"表示这个电压可以以每秒 50 次、每次持续时间不大于 10ms 的重复方式施加于元件上。

（2）反向重复峰值电压 U_{RRM}

门极开路，元件额定结温时，从晶闸管阳极伏安特性反向阻断高阻区（图 2-9 中曲线④）反向漏电流急剧增长的拐弯处所决定的电压称为反向不重复峰值电压 U_{RRM}。这个电压是不能长期重复施加的。取反向不重复峰值电压的 80% 定义为反向重复峰值电压 U_{RRM}，这个电压允许重复施加。

（3）晶闸管的额定电压 U_N

取 U_{DRM} 和 U_{RRM} 中较小的一个，并整化至等于或小于该值的规定电压等级。电压等级不是任意决定的，额定电压在 1000V 以下是每 100V 一个电压等级，1000~3000V 则是每 200V 一个电压等级。

由于晶闸管下作中可能会遭受到一些意想不到的瞬时过电压，为了确保管子安全运行，在选用晶闸管时应使其额定电压为正常工作电压峰值 U_m 的 2~3 倍，以作安全裕量，即

$$U_N = (2 \sim 3)U_m \qquad\qquad (1\text{-}4)$$

（4）通态平均电压 $U_{T(AV)}$

通态平均电压指在晶闸管通过单相下频正弦半波电流，额定结温、额定平均电流下，晶闸管阳极与阴极间电压的平均值，也称为管压降。在晶闸管型号中，常按通态平均电压的数值进行分组，以大写英文字母 A-I 表示。通态平均电压影响元件的损耗与发热，应该选用管压降小的元件。

2. 电流参数

（1）通态平均电流 $I_{T(AV)}$

在环境温度为 +40℃ 及规定的冷却条件下，晶闸管元件在电阻性负载的单相、工频、正弦半波、导通角不小于 170° 的电路中，当结温稳定在额定值 125℃ 时所允许的通态最大平均电流 $I_{T(AV)}$。将这个电流整化至规定的电流等级，则为该元件的额定电流。从以上定义可以看出，晶闸管是以电流的平均值而不是有效值作为它的电流定额。然而规定平均值电流作为额定电流不一定能保证晶闸管的安全使用，原因是排除电压击穿的破坏外，影响晶闸管工作安全的主要因素是管芯 PN 结的温度。结温的高低决定于元件的发热与冷却两方面的平衡。在规定的冷却条件下，结温主要取决于管子的 I_{2T}^2R 损糙，这里 I_T 应是流过晶闸管电流的有效值而不是平均值。因此，选用晶闸管时应根据有效电流相等的原则来确定晶闸管的额定电流。由于晶闸管的过载能力小，为保证安全可靠工作，所选用品闸管的额定电流 $I_{T(AV)}$ 应使其对应有效值电流为实际流过电流有效值的 1.5~2 倍。按晶闸管额定电流的定义，一个额定电流为 100A 的晶闸管，其允许通过的电流有效值为 157A。晶闸管额定电流的选择可按下式计算

$$I_{T(AV)} = \frac{1.5 \sim 2}{1.57} I_T \qquad (1-5)$$

（2）维持电流 I_H

维持电流是指晶闸管维持导通所必需的最小电流，一般为几十到几百毫安。维持电流与结温有关，结温越高，维持电流越小，晶闸管越难关断。

（3）擎住电流 I_L

晶闸管刚从阻断状态转变为导通状态并撤除门极触发信号时，维持元件导通所需的最小用极电流称为擎住电流。一般擎住电流比维持电流大 2~4 倍。

3. 其他参数

（1）断态电压临界上升率 du/dt

在额定结温和门极断路条件下，使元件从断态转入通态最低电压上升率称断态电压临界上升率。晶闸管使用中要求断态下阳极电压的上升速度要低于此值。提出 du/dt 这个参数是为了防止晶闸管工作时发生误导通。这是由于阻断状态下 J_2 结相当于一个电容，虽依靠它阻断了正向阳极电压，但在施加正向阳极电压过程中，却会有充电电流流过结面，并流到门极的 J_3 结上，起类似触发电流的作用。如果 du/dt 过大，则充电电流足以使晶闸管误导通。为了限制断态电压上升率，可以在晶闸管阳极与阴极间并上一个 RC 阻容支路，利用电容两端电压不能突变的特点来限制电压上升率。电阻 R 的作用是防止并联电容与阳极主回路电感产生串联谐振。

（2）通态电流临界上升率 di/dt

通态电流临界上升率是指在规定的条件下，晶闸管由门极进行触发导通时，管子能够承受而不致损坏的通态平均电流的最大上升率。当门极输入触发电流后，首先是在门极附近形成小面积的导通区，随着时间的增长，导通区逐渐向外扩大，直至全部结面变成导通

为止。如果电流上升过快，而元件导通的结面还未扩展至应有的大小，则可能引起局部过大的电流密度，使门极附近区域过热而烧毁晶闸管。为此规定了通态电流上升率的极限值，应用时晶闸管所允许的最大电流上升率要小于这个数值。

为了限制电路的电流上升率，可以在阳极主回路中串入小电感，以对增长过快的电流进行阻塞。

（3）门极触发电流 I_{GT} 与门极触发电压 U_{GT}

在室温下，晶闸管施加 6V 的正向阳极电压时，元件从阻断到完全开通所需的最小门极电流称门极触发电流 I_{GT}。对应于此 I_{GT} 的门极电压为门极触发电压 U_{GT}。由于门极的 PN 结特性分散性大，造成同一型号元件 I_{GT}、U_{GT} 相差很大。

一般来说，元件的触发电流、触发电压如果太小，则容易接受外界干扰引起误触发；若触发电流、触发电压太大，则容易引起元件触发导通上的困难。此外环境温度也是影响门极触发参数的重要因素。当环境温度或元件工作温度升高时，I_{GT}、U_{GT} 会显著降低；环境温度降低时，I_{GT}、U_{GT} 会有所增加。这就造成了同一晶闸管往往夏天易误触发导通，而冬天却可能出现不开通的不正常状态。

为了使变流装置的触发电路对同类晶闸管都有正常触发功能，要求触发电路送出的触发电流、电压值适当大于标准所规定的 I_{GT}、U_{GT} 上限值，但不应该超过门极正向峰值电流 I_{GFM} 门极正向峰值电压 U_{CFM}，功率也不能超过门极峰值功率 P_{CM} 和门极平均功率 P_{CG}。

六、晶闸管的型号

普通型晶闸管型号可表示如下：

KP[电流等级]-[电压等级 /100][通态平均电压组别]

式中：K 代表闸流特性，P 为普通型。如 KP500-15 型号的晶闸管表示其通态平均电流（额定电流）$I_{T(AV)}$ 为 500A，正反向重复峰值电压（额定电压）U_R 为 1500V，通态平均电压组别以英文字母标出，小容量的元件可不标。

七、晶闸管的派生器件

1. 快速晶闸管

快速晶闸管（Fast Switching Thyristor，FST）的外形、基本结构、伏安特性及符号均与普通型晶闸管相同，但开通速度快、关断时间短，可使用在频率大于 400Hz 的电力电子电路中，如变频器、中频电源、不停电电源、斩波器等。

快速晶闸管的特点是：①开通时间和关断时间短，一般开通时间为 1~2μs，关断时间为数微秒；②开关损耗小；③有较高的电流上升率和电压上升率。通态电流临界上升率 $di/dt \geq 100A/μs$，断态电压临界上升率 $du/dt \geq 100V/μs$；④允许使用频率范围广，几十至几千赫兹。

快速晶闸管使用中要注意：①为保证关断时间，运行结温不能过高，且要施加足够的反向阳极电压。②为确保不超过规定的通态电流临界上升率 di/dt，门极须采用强触发脉冲。

③在高频或脉冲状态下工作时，必须按厂家规定的电流—频率特性和脉冲工作状态有关的特性来选择元件的电流定额，而不能简单地按平均电流的大小来选用。

快速晶闸管的型号与普通晶闸管类似，只是用 KK 来代替 KP。

2. 双向晶闸管

双向晶闸管（Tiode AC Switch，TRIAC）是一个 NPNPN 五层结构的三端器件，有两个主电极 T_1、T_2，一个门极 G。它正、反两个方向均能用同一门极控制触发导通，所以它在结构上可以看成一对普通晶闸管的反并联，其特性也反映了反并联晶闸管的组合效果，即在第 I、第 III 象限具有对称的阳极伏安特性，如图 2-12 所示。

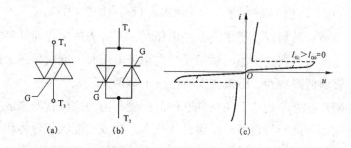

图 1-12　双向晶闸管

（a）符号；（b）等效电路；（c）阳极伏安特性

双向晶闸管主要应用在交流调压电路中，因而通态时的额定电流不是用平均值而是用有效值表示，这点必须与其他晶闸管的额定电流定义加以区别。当双向晶闸管在交流电路中使用时，须承受正、反两个方向半波的电流和电压。当元件在一个方向导通刚结束时，管芯各半导体层内的载流子还没有回复到阻断时的状态，马上就承受反向电压会使载流子重新运动，构成元件反向电压状态下的触发电流，引起元件反向误导通，造成换流失败。为了保证正、反向半波交替下作时的换流能力，必须限制换流电流、换流电压的变化率在小于规定的数值范围内。

双向晶闸管的型号用 KS 表示。

3. 逆导晶闸管

在逆变电路和斩波电路中，经常有晶闸管与电力二极管反并联使用的情况。根据这种复合使用的要求，人们将两种器件制作在同一芯片上，派生出了另一种晶闸管元件逆导晶闸管（Reverse Conducting Thyristor，RCT）。所以，逆导晶闸管元论从结构上还是特性上都反映了这两种功率半导体器件的复合效果，其符号、等效电路及阳极伏安特性如图 2-13 所示。

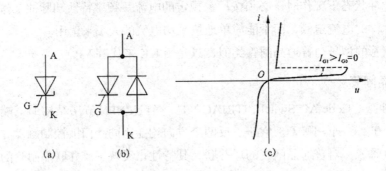

图 2-13 逆导晶闸管

（a）符号；（b）等效电路；（c）阳极伏安特性

可以看出，当逆导晶闸管承受正向阳极电压时，元件表现出普通晶闸管的特性，阳极伏安特性位于第 I 象限。当逆导晶闸管承受反向阳极电压时，反向导通（逆导），元件表现出了导通二极管的低阻特性，阳极伏安特性位于第 III 象限。

由于逆导晶闸管在管芯构造上是反并联的晶闸管和电力二极管的集成，它具有正向管压降小、关断时间短、高温特性好、结温高等优点，构成的变流装置体积小、重量轻且成本低。特别是由于简化了元件间的接线，消除了大功率二极管的配线电感，晶闸管承受反压的时间增加，有利于快速换流，从而可提高变流装置的工作频率。

逆导晶闸管的型号用 KN 表示。

第四节　电子基本技能

一、锡焊技术

（一）焊接技术概述

焊接是金属连接的一种方法。利用加热、加压或其他手段在两种金属的接触面，依靠原子或分子的相互扩散作用形成一种新的牢固地结合，使这两种金属永久地连接在一起，这个过程就称为焊接

1. 焊接的分类

现代焊接技术主要分为熔焊、钎焊和压焊三类。熔焊是靠加热被焊件（母材或基材），使之熔化产生合金而焊接在一起的焊接技术，如气焊、电弧焊等。钎焊是用加热熔化成液态的金属（焊料）把固体金属（母材）连接在一起的方法，作为焊料的金属材料，其熔点要低于被焊接的金属材料，按照焊料旳熔点不同，钎焊可分为硬焊（焊料熔点高于450℃）和软焊（焊料熔点低于450℃）。压焊是在加压条件下，使两工件在固态下实现

原子间的结合，也称为固态焊接。

2. 锡焊及其过程

在电子产品装配过程中的焊接主要采用钎焊类中的软焊，一般采用铅锡焊料进行焊接，简称锡焊。锡焊的焊点具有良好的物理特性及机械特性，同时又具有良好的润湿性和焊接性，因而在电子产品制造过程中广泛使用锡焊焊接技术，锡焊的焊料是铅锡合金，其熔点比较低，共晶焊锡的熔点只有183℃，是电子行业中应用最普遍的焊接技术。锡焊具有如下特点：

（1）焊料的熔点低于焊件的熔点。

（2）焊接时将焊件和焊料加热到最佳锡焊温度，焊料熔化而焊件不熔化。

（3）焊接的形成是依靠熔化状态的焊料浸润焊接面，通过毛细作用使焊料进入间隙，形成一个结合层，从而实现焊件的结合。

锡焊是使电子产品整机中电子元器件实现电气连接的一种方法，是将导线、元器件引脚与印制电路板连接在一起的过程。锡焊过程要满足机械连接和电气连接两个目的，其中机械连接是起固定的作用，而电气连接是起电气导通的作用。

3. 锡焊的特点

（1）焊料的熔点低，适用范围广。锡焊的熔化温度在180℃～320℃，且对金、银、铜、铁等金属材料都具有良好的可焊性。

（2）锡焊易于形成焊点，焊接方法简便。锡焊的焊点是靠熔融液态焊料的浸润作用而形成的，因而对加热量和焊料都不必有精确的要求，就能形成焊点。

（3）成本低廉、操作方便。锡焊比其他焊接方法成本低，焊料也便宜，焊接工具简单操作方便，并且整修焊点、拆换元器件以及修补焊接都很方便。

（4）容易实现焊接自动化。

4. 锡焊的基本要求

焊接是电子产品组装过程中的重要环节之一，如果没有相应的焊接工艺质量保证，任何一个设计精良的电子产品都难以达到设计指标。因此在焊接时必须做到以下几点：

（1）焊件应具有良好的可焊性

金属表面能被熔融焊料浸湿的特性叫可焊性，它是指被焊金属材料与焊锡在适当的温度及助焊剂的作用下，形成结合良好的合金的能力。只有能被焊锡浸湿的金属才具有可焊性，如铜及其合金、金、银、铁、锌、镍等都具有良好的可焊性。即使是可焊性良好的金属，其表面也容易产生氧化膜，为了提高其可焊性，一般采用表面镀锡、镀银等方式。铜是导电性能良好且易于焊接的金属材料，所以应用最为广泛。常用的元器件引线、导线及焊盘等大多采用铜制成。

（2）焊件表面必须清洁

焊件由于长期储存和污染等原因，其表面可能产生氧化物、油污等，会严重影响其与焊料在界面上形成合金层，造成虚、假焊。工件的金属表面如果存在轻度的氧化物或污垢可通过助焊剂来清除，较严重的要通过化学或机械的方式来清除。故在焊接前必须先清洁表面，以保证焊接质量。

（3）使用合适的助焊剂

助焊剂是一种略带酸性的易熔物质，在焊接过程中可以溶解工件金属表面的氧化物和污垢，并提高焊料的流动性，有利于焊料浸润和扩散的进行，并在工件金属与焊料的界面上形成牢固的合金层，保证了焊点的质量。不同的焊件，不同的焊接工艺，应选择不同的助焊剂。

（4）焊接温度适当

焊接时，将焊料和被焊金属加热到焊接温度，使熔化的焊料在被焊金属表面浸润扩散并形成金属化合物。因此，要保证焊点牢固，一定要有适当的焊接温度。加热过程中不但要将焊锡加热熔化，而且要杆焊件加热到熔化焊锡的温度。只有在足够高的温度下，焊料才能充分浸润，并充分扩散形成合金层。但过高的温度也不利于焊接。

（5）焊接时间适当

焊接时间对焊锡、焊接元件的浸润性、结合层的形成有很大的影响。准确掌握焊接时间是优质焊接的关键。当电烙铁功率较大时，应适当缩短焊接时间；当电烙铁功率较小时，可适当延长焊接时间。若焊接时间过短，会使温度太低；若焊接时间过长，又会使温度太高。因此，在一般情况下，焊接时间不应超过3s。

（6）选用合适的焊料

焊料的成分及性能应与工件金属材料的可焊性、焊接的温度及时间、焊点的机械强度等适应，锡焊工艺中使用的焊料是锡铅合金，根据锡铅的比例及含有其他少量金属成分的不同，其焊接特性也有所不同，应根据不同的要求正确选用焊料。

（二）锡焊工具

锡焊工具是指在电子产品手工装焊中使用的工具，常用的焊接工具主要有电烙铁、焊接辅助工具、烙铁架等。焊接材料是指完成焊接所需要的材料，包括焊料、助焊剂和阻焊剂等。

电烙铁是手工焊接的主要工具，选择合适的烙铁并合理地使用，是保证焊接质量的基础。电烙铁把电能转换为热能并对焊接点部位的金属进行加热，同时熔化焊锡，使熔融的焊锡与被焊金属形成合金，冷却后形成牢固的连接。电烙铁作为传统的电路焊接工具，与先进的焊接设备相比，存在不少缺点，例如，它只适合手工焊接，效率低，焊接质量不容易使用科学方法控制，其焊接质量往往随着操作人员的技术水平、体力消耗程度及工作责任心的不同有较人差别。而且烙铁头容易带电，直接威胁被焊元件和操作人员的安全，因此，使用前须严格检查。但由于电烙铁操作灵活、用途广泛、费用低廉，所以电烙铁仍是电子电路焊接的必备工具。

电烙铁的基本结构都是由发热元件、烙铁头和手柄组成的。发热元件是能量转换部分，它将电能转换成热能，并传递给烙铁头，俗称烙铁芯子，它是将镍铬电阻丝缠在云母、陶瓷等耐热绝缘材料上构成的，内热式与外热式发热元件的主要区别在于外热式的发热元件在传热体的外部，而内热式的发热元件在传热体的内部，也就是烙铁芯在内部发热；烙铁头是由纯铜材料制成的，其作用是贮存热量，烙铁头将热量传给被焊工件，对被焊接点部位的金属加热，同时熔化焊锡，完成焊接任务。在使用中，烙铁头因高温氧化和焊剂腐蚀会变成凹凸不平，需经常清理和修整；手柄是手持操作部分，起隔热、绝缘作用。

电烙铁由于用途、结构的不同有多种分类方式。根据加热方式，可将其分为直热式、感应式、气体燃烧式等；根据烙铁的发热能力，可分为 20W、30W、50W、300W 等；根据其功能可分为恒温电烙铁、吸锡电烙铁、防静电电烙铁及自动送锡电烙铁等。

1. 常用的电烙铁

（1）内热式电烙铁

由于其烙铁芯装在烙铁头里面，故称为内热式电烙铁。内热式电烙铁的烙铁芯是采用极细的镍铬电阻丝绕在瓷管上制成的，外面再套上耐热绝缘瓷管。烙铁头的一端是空心的，它套在芯子外面，用弹簧夹紧固。由于烙铁芯装在烙铁头内部，其热量会完全传到烙铁头上，升温快，因此热效率高达 85%~90%，烙铁头部的温度可达 350℃左右。内热式电烙铁的规格多为小功率的，常用的有 20W、25W、35W、50W 等，20W 内热式电烙铁的实用功率相当于 25~40W 的外热式电烙铁。内热式电烙铁的优点是热效率高、烙铁头升温快、体积小、质量小，因而在电子装配工艺中得到了广泛的应用。其缺点是烙铁头容易被氧化、烧死，长时间工作时易损坏，使用寿命较短，不适合做大功率的烙铁。

（2）外热式电烙铁

外热式电烙铁由烙铁头、烙铁芯、外壳、手柄、电源线等部分组成。电阻丝绕在用薄云母片绝缘的阅筒上，组成烙铁芯。烙铁头装在烙铁芯里面，电阻丝通电后产生的热量传送到烙铁头上，使烙铁头温度升高，故称为外热式电烙铁。外热式电烙铁结构简单，价格较低，使用寿命长，但其体积较大，升温较慢，热效率低。

（3）恒温电烙铁

恒温电烙铁是一种能自动调节温度，使焊接温度保持恒定的电烙铁。在质量要求较高的场合，通常需要恒温电烙铁。根据控制方式的不同，恒温电烙铁分为磁控恒温电烙铁和热电耦检测控温式自动调温恒温电烙铁两种。

热电耦检测控温式电烙铁又叫自动调温烙铁或叫自控焊台，它是用热电偶作为传感几件来检测和控制烙铁头的温度，当烙铁头温度低于规定值时，温控装置内的电子电路就控制半导体开关元件或继电器接通电源，给电烙铁供电，使电烙铁温度上升。当温度一旦达到预定值，温控装置就动切断电源。如此反复动作，使烙铁头基本保持恒温。自动调温电烙铁的恒温效果好，温度波动小，并可由手动人为随意设定恒定的温度，但这种电烙铁结构复杂，价格高。

磁控恒温电烙铁借助于电烙铁内部的磁性开关而达到恒温目的，磁控恒温电烙铁是在烙铁头上安装一个强磁性体传感器，由于吸附磁性开关（控制加热器开关）中的永久磁铁来控制温度。升温时，通过磁力作用，带动机械运动的触点，闭合加热器的控制开关，电烙铁被迅速加热；当烙铁头达到预定温度时，强磁性体传感器到达居里点（铁磁物质完全失去磁性的温度）而失去磁性，从而使磁性开关的触点断开，加热器断电，于是烙铁头的温度下降。当温度下降至低于强磁性体传感器的居里点时，强磁性体恢复磁性，又继续给电烙铁供电加热。如此不断地循环，达到控制电烙铁温度的目的。如果需要控制不同的温度，只需要更换烙铁头即可。因不同温度的烙铁头装有不同规格的强磁性体传感器，其居里点不同，失磁温度也各异。烙铁头的工作温度可在 260℃ ~450℃内任意选取。

（4）吸锡电烙铁

吸锡电烙铁是在普通电烙铁的基础上增加了吸锡机构，使其具有加热、吸锡两种功能。在检修无线电整机时，经常需要拆下某些元器件或部件，这时使用吸锡电烙铁就能够方便地吸附印制电路板焊接点上的焊锡，使焊接件与印制电路板脱离，从而可以方便地进行检查和修理。吸锡电烙铁用于拆焊（解焊）时，可对焊点加热并除去焊接点上多余的焊锡。吸锡电烙铁具有拆焊效率高，不易损伤元器件的优点；特别是拆焊多接点的元器件时，使用它更为方便。

（5）自动送锡电烙铁

自动送锡电烙铁是在普通电烙铁的基础上增加了焊锡丝输送机构，该电烙铁能在焊接时将焊锡自动输送到焊接点。

2. 电烙铁的选用

电烙铁的选用应根据被焊物体的实际情况而定，一般应重点考虑其加热形式、功率大小、烙铁头形状等因素。

（1）加热形式的选择

①相同瓦数的情况下，内热式电烙铁的温度比外热式电烙铁的温度高。

②当需要低温焊接时，应选用调温电烙铁的温度进行焊接。

③通过调整烙铁头的伸出长度来控制温度。

④烙铁头的形状要适应被焊件表面的要求和产品装配密度要求。

（2）电烙铁功率的选择

①焊接小瓦数的阻容元件、晶体管、集成电路、印制电路板的焊盘或塑料导线时，宜采用 30~45W 的外热式或 20W 的内热式电烙铁。

②焊接一般结构产品的焊接点，如线环、线爪、散热片、接地焊片等时，宜采用 75~100W 的电烙铁。

③对于大型焊点，如焊金属机架接片、焊片等，宜采用 100~200W 的电烙铁。

3. 电烙铁的维护与使用注意事项

烙铁头一般用紫铜制成，现在的内热式烙铁头都经过电镀。这种有镀层的烙铁头，如果不是特殊需要，一般不需要修锉或打磨，因为电镀层的目的就是保护烙铁头不易被腐蚀。还有一种新型合金烙铁头，其寿命较长，需搭配专门的烙铁，一般用于固定产品的印制板焊接。

（1）新烙铁上锡

没有电镀层的新电烙铁在使用前要进行处理，即让电烙铁通电给烙铁头上锡。具体方法是：首先用锉刀把烙铁头按需要锉成一定的形状，然后接上电源，当烙铁头温度升高到能熔锡时，将烙铁头在松香上沾涂一下，等松香冒烟后再沾涂一层焊锡，如此反复进行2~3次，使烙铁头的刀面全部挂上一层锡便可使用了。使用过程中应始终保证烙铁头上挂有一层薄锡。

（2）烙铁头修整

镀锡烙铁头经使用一段时间后会发生表面凹凸不平，而且氧化层严重的现象，这种情况下需要对其进行修整，一般会将烙铁头拿下来夹到台钳上粗锉，修整为自己要求的形状，然后再用细锉修平，最后用细砂纸打磨光滑。

（3）电烙铁的使用注意事项

①使用前，应认真检查电源插头、电源线有无损坏，并检查烙铁头是否松动。

②焊接过程中，烙铁不能到处乱放，应经常用浸水的海绵或干净的湿布擦拭烙铁头，保持烙铁头的清洁。

③电烙铁在使用中，不能用力敲击、甩动。

④电烙铁不使用时不宜长时间通电，这样容易使烙铁芯过热而烧断，缩短其寿命，同时也会使烙铁头因长时间加热而氧化，甚至被"烧死"不再"吃锡"。

⑤使用结束后，应及时切断电源。冷却后，应清洁好烙铁头，并将电烙铁收回工具箱。

（三）焊接材料

焊接材料是指完成焊接所需要的材料，包括焊料、助焊剂、清洗剂与阻焊剂等，掌握焊料和焊剂的性质、成分、作用原理及选用知识，对于保证产品的焊接质量具有决定性的影响。

1. 焊料

焊料是指易熔的金属及其合金，它的作用是将被焊物连接在一起。焊料的熔点比被焊物低，且易与被焊物连为一体。焊料按其组成成分可分为锡铅焊料、银焊料、铜焊料。熔点在450℃以上的焊料称为硬焊料，熔点在450℃以下的焊料称为软焊料。在一般电子产品装配中主要使用锡铅焊料。

（1）锡铅共晶合金

锡铅焊料是山两种以上的金属材料按不同比例配制而成的。锡铅的配比不同，其性能也随之改变。

锡铅合金对应的锡铅含量为：锡是61.9%，铅是38.1%，此时合金可由固态直接变为液态，或由液态直接变为固态，这时的合金称为共晶合金，按共晶合金配制成的锡铅焊料称为共晶焊锡。采用共晶焊锡进行焊接有以下优点：

①熔点最低，只有183℃。降低了焊接温度，减少了元器件受热损坏的机会，尤其是对温度敏感的元器件的影响较小。

②熔点和凝固点一致，可使焊点快速凝固，不会因半熔状态时间间隔而造成焊点结晶疏松，强度降低。

③流动性好，表面张力小，润湿性好，焊料能很好地填满焊缝，并对工件有较好的浸润作用，使焊点结合紧密光亮，有利于提高焊点质量。

④机械强度高，导电性能好，电阻率低。

⑤抗腐蚀性能好。锡和铅的化学稳定性比其他金属更好，其抗大气腐蚀能力强，而共晶焊锡的抗腐蚀能力更好。

（2）常用锡铅焊料

锡铅合金焊料有多种形状和分类。其形状有粉末状、带状、球状、块状、管状和装在罐中的锡膏等几种，粉末状、带状、球状、块状的焊锡用于锡炉或波峰焊中；锡膏用于贴片元件的回流焊接，手工焊接中最常见的足管状松香芯焊锡丝，电子产品焊接中常用的低温焊锡焊料如表2-1所示。

表 2-1　电子产品焊接中常用的低温焊锡焊料

序号	锡（Sn）/%	铅（Pb）/%	铋（Bi）/%	锑（Cd）/%	熔点 /℃
1	61.9	38.1			183
2	35	42		23	150
3	50	32	18		145
4	23	40		37	125
5	20	40		40	110

①管状焊锡丝。在手工焊接时，为了方便，常将焊锡制成管状，并在其中空部分注入由特级松香和少量活化剂组成的助焊剂，这种焊锡称为焊锡丝。有时在焊锡丝中还添加1%~2%的锑，这可适当增加焊料的机械强度。焊锡丝的直径有0.5mm、0.8mm、0.9mm、1.0mm、1.2mm、1.5mm、2.0mm、2.5mm、3.0mm、4.0mm、5.0mm等多种规格。

②抗氧化焊锡。由于浸焊和波峰焊使用的锡槽都有大而积的高温表面，其焊料液体暴露在大气中，很容易被氧化而影响焊接质量，使焊点产生虚焊，因此在锡铅合金中加入少量的活性金属，能使氧化锡、氧化铅还原，并漂浮在焊锡表面形成致密的覆盖层，从而使焊锡不被继续氧化。这类焊锡在浸焊与波峰焊中已得到了普遍使用。

③含银焊锡。在电子元器件与导电结构件中，有不少是镀银件。使用普通焊锡时，其镀银层易被焊锡溶解，而使元器件的高频性能变坏。在焊锡中添加0.5%~2.0%的银，可减少镀银件中的银在焊锡中的溶解量，并可降低焊锡的熔点。

④焊育。焊育是表面安装技术中的一种重要贴装材料，是将合金焊料加工成粉末状颗粒并拌以具有助焊功能的液态黏合剂构成具有一定流动性的糊状焊接材料。焊膏由焊粉（焊料制成粉末状）、有机物和熔剂组成，将其制成糊状物，能方便地用丝网、模板或涂膏机将其涂在印制电路板上。

⑤无铅焊锡。无铅焊锡是指以锡为主体添加其他金属材料制成的焊接材料。所谓"无

铅"，是指无铅焊锡中铅的含量必须低于 0.1%，"电子无铅化"指的是包括铅在内的 6 种有毒、有害材料的含量必须控制在 0.1% 以内，同时电子制造过程必须符合无铅的组装工艺要求。

2. 助焊剂

在进行焊接时，为了能使被焊物与焊料焊接牢固，要求金属表面无氧化物和杂质，以保证焊锡与被焊物的金属表面固体结晶组织之间发生合金反应。通常用机械方法和化学方法来除去氧化物和杂质，机械方法是用砂纸或刀子将其清除，化学方法是用助焊剂清除。用助焊剂清除具有不损坏被焊物和效率高的特点，因此焊接时一般都采用此法。

（1）助焊剂的作用

①除去氧化膜。焊剂是一种化学剂，其实质是焊剂中的氯化物、酸类同氧化物发生还原反应，从而除去氧化膜。反应后的生成物变成悬浮的渣，漂浮在焊料表面，使金属与焊料之间接合良好。

②防止加热时氧化。液态的焊锡和加热的金属表面都易与空气中的氧接触而氧化。焊剂在熔化后，悬浮在焊料表而，形成隔离层，故防止了焊接面的氧化。

③减小表面张力，增加了焊锡流动性，有助于焊锡浸润。

④使焊点美观，合适的焊剂能够整理焊点形状，保持焊点表面光泽。

（2）助焊剂的种类

助焊剂可分为无机系列、有机系列和树脂系列。

①无机系列助焊剂。这类助焊剂的主要成分是氯化锌及其它们的混合物。其最大优点是助焊作用好，缺点是具有强烈的腐蚀性，常用于可清洗的金属制品的焊接中。如果对残留的助焊剂清洗不干净，会造成被焊物的损坏。

②有机系列助焊剂。有机系列助焊剂主要由有机酸卤化物组成。其优点是助焊性能好，不足之处是具有一定的腐蚀性，且热稳定性较差。即一经加热便迅速分解，并留下无活性残留物。对于铅、黄铜、青铜、镀镍等焊接性能差的金属，可选用有机焊剂中的中性焊剂。

③树脂系列助焊剂。此类助焊剂最常用的是在松香焊剂中加入活性剂。松香是从各种松树分泌出来的汁液中提取的，并通过蒸馏法加工成固态松香。松香是一种天然产物，它的成分与产地有关。松香酒精焊剂是用无水酒精溶解松香配制而成的，一般松香占 23%~30%。这种助焊剂的优点是无腐蚀性、高绝缘性、长期的稳定性及耐湿性。焊接后易于清洗，并能形成薄膜层褪盖焊点，使焊点不被氧化腐蚀。电子线路和易于焊接的铂、金、铜、银、镀锡金属等常采用松香或松香酒精助焊剂。

（3）对焊剂的要求

①焊剂的熔点必须比焊料的低，密度要小，以便其在焊料未熔化前就充分发挥作用。

②焊剂的表面张力要比焊料的小，扩散速度快，有较好的附着力，而且焊接后不易碳化发黑，残留焊剂应色浅而透明。

③焊剂应具有较强的活性，且在常温下化学性能稳定，对被焊金属无腐蚀性。

④焊接过程中焊剂不应产生有毒或强烈刺激性气体，且不产生飞溅，残渣容易清洗。

⑤焊剂的电气性能要好，绝缘电阻要高。

3. 清洗剂

在完成焊接操作后，焊点周围会存在残余焊剂、油污、汗迹、多余的金属物等杂质，这些杂质对焊点有腐蚀、伤害作用，会造成绝缘电阻下降、电路短路或接触不良等现象，因此要对焊点进行清洗。常用的清洗剂有无水乙醇、三氯三氟乙烷等。

4. 阻焊剂

阻焊剂是一种耐高温的涂料，可将不需要焊接的部分保护起来，致使焊接只在所需要的部位进行，以防止焊接过程中的桥连、短路等现象发生。阻焊剂对高密度印制电路板尤为重要，可降低其返修率，并节约焊料，使焊接时印制电路板受到的热冲击减小，从而使板面不易起泡和分层。阻焊剂的主要作用是保护印制电路板上不需要焊接的部位，常见的印制电路板上没有焊盘的绿色涂层即为阻焊剂。

（1）阻焊剂的作用

①可以使在浸焊或波峰焊时易发生的桥接、拉头、虚焊和连条等问题大为减少或基本消除，从而大大降低板子的返修率，并提高焊接质量，保证产品的可靠性。

②除了焊盘外，其他部位均不上锡，这样可以节约大量的焊料。同时，由于只有焊盘部位上锡，其受热少、冷却快，并降低了印制电路板的温度，起到了保护塑料封元器件及集成电路的作用。

③因印制电路板板面部分被阻焊剂覆盖，焊接时受到的热冲击小，从而降低了印制电路板的温度，使板面不易起泡、分层，同时也起到保护元器件和集成电路的作用。

④使用带有颜色的阻焊剂，如深绿色和浅绿色等，可使印制电路板的板面显得整洁美观。

（2）阻焊剂的种类

阻焊剂一般分为干膜型阻焊剂和印料型阻焊剂，目前广泛使用的是印料型阻焊剂，这种阻焊剂又分为热固化和光固化两种类型。

（四）锡焊机理

锡焊是使用锡合金焊料进行焊接的一种焊接形式。焊接过程是将焊件和焊料共同加热到焊接温度，在焊件不熔化的情况下，焊料熔化并浸润焊接面，在焊接点形成合金层，形成焊件的连接过程。锡焊必须将焊料、焊件同时加热到最佳焊接温度，然后不同金属表面相互浸润、扩散，最后形成多组织的结合层。

1. 润湿作用

在焊接时，熔融焊料会像任何液体一样，黏附在被焊金属表面，并能在金属表面充分漫流，这种现象就称为润湿。润湿是发生在固体表面和液体之间的一种物理现象，是物质固有的一种性质。

锡焊过程中，熔化的铅锡焊料和焊件之间的作用，正是这种润湿现象。如果焊料能润湿焊件，则说明它们之间可以焊接，观测润湿角是锡焊检测的方法之一。

2. 扩散作用

扩散，即在金属与焊料的界面形成一层金属化合物，在正常条件下，金属原子在晶格中都以其平衡位置为中心进行着不停地热运动，这种运动随着温度升高，其频率和能量也逐步增加。当达到一定的温度时，某些原子就因具有足够的能量可以克服周围原子对它的束缚，脱离原来的位置，转移到其他晶格，这种现象称为扩散。

金属之间的扩散不是在任何情况下都会发生的，而是有条件的，扩散的两个基本条件是：

（1）距离足够小

只有在足够小的距离内，两块金属原子间的引力作用才会发生。而金属表面的氧化层或其他杂质都会使两块金属达不到这个距离。

（2）一定的温度

只有在一定的温度下金属分子才具有动能，使得扩散得以进行，理论上来说，达到"绝对零度"时便没有扩散的可能性。实际上在常温下，扩散的进行是非常缓慢的。

3. 结合层

焊接后，由于焊料和焊件金属彼此扩散，所以两者的交界面会形成多种组织的结合层。焊料润湿焊件的过程，符合金属扩散的条件，所以焊料和焊件的界面有扩散现象发生。这种扩散的结果，使得焊料和焊件界面上形成一种新的金属合金层，称之为结合层。结合层的成分是一种既有化学作用，又有冶金作用的特殊层。由于结合层的作用是将焊料和焊件结合成一个整体，实现金属连续性，焊接过程同粘接物品的机理不同之处即在于此，黏合剂粘接物品是靠固体表面凸凹不平的机械啮合作用，而锡焊则靠结合层的作用实现连接。

综上所述，将表面清洁的焊件与焊料加热到一定温度，焊料熔化并润湿焊件表面，在其界面上发生金属扩散并形成结合层，从而实现金属的焊接。

（五）手工焊接技术

手工焊接是焊接技术的基础，也是电子产品组装的一项基本操作技能。手工焊接适用于产品试制、电子产品的小批量生产、电子产品的调试与维修以及某些不适合自动焊接的场合。目前，还没有哪一种焊接方法可以完全代替手工焊接，因此在电子产品装配中这种方法仍占有重要地位。

1. 正确的焊接姿势

手工焊接一般采用坐姿焊接，焊接时应保持正确的姿势。焊接时烙铁头的顶端距操作者鼻尖部位至少要保持20cm以上，以免焊剂加热挥发出的有害化学气体被吸入人体，同时要挺胸端坐，不要躬身操作，并要保持室内空气流通。使用电烙铁时要配置烙铁架，一般应将其放置在工作台右前方，电烙铁使用后一定要稳妥地放于烙铁架上，并注意导线等物不要触碰烙铁头。

（1）电烙铁的拿法。电烙铁一般有正握法、反握法、握笔法三种拿法。反握法动作稳定，长时间操作不易疲劳，适用于大功率电烙铁的操作；正握法适用于中等功率的电烙铁或带弯头的电烙铁的操作；握笔法多用于小功率电烙铁在操作台上焊接印制电路板等焊件，一般在操作台上焊接印制电路板等焊件时多采用握笔法。

（2）焊锡丝拿法。焊锡丝一般有连续锡焊和断续锡焊两种拿法，焊锡丝一般要用手送入被焊处，不要用烙铁头上的焊锡去焊接，这样很容易造成焊料的氧化，焊剂的挥发。因为烙铁头温度一般都在300℃左右，焊锡丝中的焊剂在高温情况下容易分解失效。由于焊丝成分中的铅占一定比例，众所周知铅是对人体有害的重金属，因此操作时应戴手套或操作后应洗手，避免食入。

2. 焊接五步法

焊接操作过程分为五个步骤（也称五步法），分别是准备施焊、加热焊件、填充焊料、移开焊锡丝、移开烙铁五步。一般要求操作过程在2~3s的时间内完成。

（1）准备施焊。准备好焊锡丝和电烙铁。此时需要特别强调的是烙铁头部要保持干净，即可以沾上焊锡（俗称吃锡）。一般是右手拿电烙铁，左手拿焊锡丝，做好施焊准备。

（2）加热焊件。使电烙铁接触焊接点，注意首先要保持电烙铁加热焊件各部分，例如，印制电路板上的引线和焊盘都使之受热；其次要注意让烙铁头的扁平部分（较大部分）接触热容量较大的焊件，烙铁头的侧而或边缘部分接触热容量较小的焊件，以保持均匀受热。

（3）填充焊料。当焊接点的温度达到适当的温度时，应及时将焊锡丝放置到焊接点上熔化。操作时必须掌握好焊料的特性，并充分利用，而且要对焊点的最终理想形状做到心中有数。为了形成焊点的理想形状，必须在焊料熔化后，将依附在焊接点上的烙铁头按焊点的形状移动。

（4）移开焊锡丝。当焊锡丝熔化（要掌握进锡速度）且焊锡散满整个焊盘时，即可以45°方向拿开焊锡丝。

（5）移开电烙铁。焊锡丝拿开后，电烙铁应继续放在焊盘上持续1~2s，当焊锡完全润湿焊点后移开电烙铁，注意移开电烙铁的方向应该是大致45°的方向，动作不要过于迅速或用力往上挑，以免溅落锡珠、锡点，或使焊锡点拉尖等，同时要保证被焊元器件在焊锡凝固之前不要移动或受到振动，否则极易造成焊点结构疏松、虚焊等现象。

上述过程，对一般焊点而言为2~3s，对于热容量较小的焊点，例如印制电路板上的小焊盘，有时用三步法概括操作方法，即将上述步骤（2）、（3）合为一步，（4）、（5）合为一步。实际上，如果进行细微区分还是五步，所以五步法具省普遍性，是掌握手工电烙铁焊接的基本方法。特别是各步骤之间停留的时间，对保证焊接质量至关重要，只有经过实践才能逐步掌握。

3. 手工焊接的操作要领

（1）保持烙铁头清洁。由于焊接时烙铁头长期处于高温状态，又接触焊剂等受热分解的物质，所以，其表面很容易氧化而形成一层黑色杂质，这些杂质几乎会形成隔热层，使烙铁头失去加热作用。因此要随时在烙铁架上蹭去这些杂质。用一块湿布或湿海绵随时擦烙铁头，也是常用的方法。

（2）保持焊件表面干净。手工电烙铁焊接中遇到的焊件是各种各样的电子零件和导线，除非在规模生产条件下使用"保鲜期"内的电子元件，一般情况下遇到的焊件往往都需要进行表面清理工作，去除焊接面上的锈迹、油污、灰尘等影响焊接质量的杂质。

（3）焊件要固定。在焊锡凝固之前不要使焊件移动或振动，根据结晶理论，如果在结晶期间受到外力会改变结晶条件，导致晶体粗大，造成所谓"冷焊"。从外观上看，其表面无光泽呈豆渣状，其焊点内部结构疏松，容易有气隙和裂缝，造成焊点强度降低，导电性能差。

（4）重视预焊。预焊就是将要锡焊器件的引线或导线的焊接部位预先用焊锡润湿，一般也称为镀锡、上锡等。

（5）焊锡量适中。焊锡量要适中。若焊锡太多，易造成接点相碰或掩盖焊接缺陷，而且浪费焊料。若焊锡太少，不仅使其机械强度低，而且由于表面氧化层随时间逐渐加深，容易导致焊点失效。

（6）焊剂量适中。焊剂量要适中。过量的松香不仅会造成焊后焊点周围需要清洗的工作量增人，而且会延长加热时间，降低工作效率，向当加热时间不足时又容易夹杂到焊锡中形成"夹渣"缺陷；对开关元件的焊接，过量的焊剂容易流到触点处，从而造成接触不良。

（7）不对焊点施力。烙铁头把热量传给焊点主要靠增加接触面积，用电烙铁对焊点加力对于加热是没用的。很多情况下反而会造成对焊件的损伤，如电位器、开关、接插件的焊接点往往都固定在塑料构件上，加力的结果容易造成元件失效。

（8）加热要靠焊锡桥。非流水线作业中，一次焊接的焊点形状是多种多样的，不可能不断地更换烙铁头。要提高烙铁头加热的效率，需要形成热量传递的焊锡桥。所谓焊锡桥，就是靠电烙铁上保留少量的焊锡作为加热时烙铁头与焊件之间传热的桥梁。显然由于金属液的导热效率远高于空气，而使焊件很快就被加热到焊接温度。

（9）电烙铁撤离方向。电烙铁撤离要及时，而且撤离时的角度和方向对焊点的形成有一定的影响。撤离电烙铁时轻轻旋转一下，可保持焊点适当的焊料，这需要在实际操作中体会。掌握上述撤离方向，就能较好地控制焊锡景，使得焊点美观、焊接质量较高。

4. 印制电路板焊接

印制电路板的装焊在整个电子产品制造中处于核心地位，其质量对整机产品的影响是不言而喻的。尽管印制电路板的装焊已经完善，并实现了自动化，何在产品研制、维修领域主要还是靠手工操作，况且手工操作经验也是自动化获得成功的基础。焊接印制电路板，除遵循锡焊要领外，还需特别注意以下几点：

①电烙铁一般应选内热式（20～35W）或恒温式的，烙铁的温度以不超过300℃为宜。烙铁头形状应根据印制电路板焊盘的大小采用凿形或锥形，目前印制电路板的发展趋势呈小型密集化，因此一般常用小型圆锥形烙铁头。

②加热时应尽量使烙铁头同时接触印制电路板上的铜箔和元器件引线。对较大的焊盘（直径大于5mm）焊接时可移动电烙铁，即使电烙铁绕焊盘转动，以免长时间停留导致局部过热。

③金属化孔的焊接。两层以上印制电路板的孔都要进行金属化处理。焊接时不仅要让焊料润湿焊盘，而且孔内也要润湿填充。

④焊接时，要用烙铁头摩擦焊盘的方法来增强焊料的润湿性能，而要靠表面清理和镀锡的方法。

⑤耐热性差的元器件应使用工具辅助散热。

（六）焊点的质量分析

焊接是电子产品制造中最主要的一个环节，在焊接结束后，为保证焊接质量，都要进行质量检查。由于焊接检查与其他生产工序不同，没有一种机械化、自动化的检查测量方法，因此主要通过目视检查和手触检查来发现问题。一个虚焊点就能造成电子产品不能工作，据统计，目前电子产品的故障中近一半是由于焊接不良引起的。

1. 焊点的质量要求

对焊点的质量要求主要包括电气连接、机械强度和外观等三方面。

（1）焊点要有可靠的电气连接

焊接是电子线路从物理上实现电气连接的主要手段，电子产品的焊接是同电路通断情况紧密相连的，一个焊点要能稳定、可靠地通过一定的电流，没有足够的连接面积和稳定的结合层是不行的。良好的焊点应该具有可靠的电气连接性能，不允许出现虚焊、桥接等现象，锡焊连接不是靠压力，而是靠结合层达到电气连接的目的。如果焊锡仅仅是堆在焊件表面或只有少部分形成结合层，那么在最初的测试和工作中也许不能发现，但随着条件的改变和时间的推移，电路会产生时通时断或者干脆不工作的现象，这时观察其外表，电路依然是连接的。

（2）焊点要有足够的机械强度

焊接不仅起到电气连接的作用，同时也要固定元器件，保证机械连接，这就涉及机械强度的问题。若焊料多，则机械强度大；若焊料少，则机械强度小。因此需保证在使用过程中，不会因正常的振动而导致焊点脱落。

（3）外形清洁美观

良好的焊点应是焊料用量恰到好处，且外表有金屑光泽、平滑，没有裂纹、针孔、夹渣、拉尖、桥接等现象，并且不伤及导线绝缘层及相邻元件，良好的外表是焊接质量好的反映。例如，外表有金属光泽，是焊接温度合适、生成稳定合金层的标志。一个良好的焊点应该是明亮、清洁、平滑的，焊锡量适中并呈裙状拉开，焊锡与被焊件之间没有明显的分界，这样的焊点才是合格、美观的。典型焊点的外观要求有如下几方面：

①形状为近似圆锥形而表面微凹呈漫坡形，以焊接导线为中心，对称成裙形拉开。

②焊料的连接面呈半弓形凹面，焊料与焊件交界处平滑。

③表面有光泽且平滑。

④无裂纹、针孔、夹渣。

2. 焊点的质量检查

焊点的检查通常采用目视检查、手触检查和通电检查的方法。

（1）目视检查

目视检查是指从外观上目测（或借助放大镜、显微镜观测）焊点是否合乎上述标准，检查焊接质量是否合格，焊点是否有缺陷的方法。目视检查的主要内容包括：是否漏焊，焊点的光泽，焊料用量，是否有桥接、拉尖现象，焊点有无裂纹，焊盘是否有起翘或脱落情况，焊点周围是否有残留的焊剂，导线是否有部分或全部断线等现象。

（2）手触检查

手触检查主要是用手指触摸元器件，看元器件的焊点有无松动、焊接不牢的现象，上面的焊锡是否有脱落现象；用镊子夹住元器件引线轻轻拉动，看有无松动的现象。

（3）通电检查

通电检查必须是在外观检查及连线检查无误后才可进行的检查，也是检验电路性能的关键步骤。如果不经过严格的外观检查，通电检查不仅困难较多而且有损坏设备仪器，造成安全事故的危险。例如，电源连线虚焊，那么通电时就会发现设备加不上电，当然无法检查。通电检查可以发现许多微小的缺陷，例如，用目测观察不到的电路桥接，但对于内部虚焊的隐患就不容易察觉。所以根本的问题还是要提高焊接操作的技术水平，不能把问题留给检查工作。

3. 焊点的缺陷分析

焊点的常见缺陷有虚焊、桥接、拉尖、球焊、焊料过少、空洞、印制电路板铜箔起翘、焊盘脱落等。造成焊点缺陷的原因很多，在材料（焊料与焊剂）和工具（电烙铁、夹具）一定的情况下，采用什么样的焊接方法，以及操作者是否有责任心就是决定性的因素了。

（1）虚焊

虚焊是焊接时焊点内部没有形成金属合金的现象。为使焊点具有良好的导电性能，必须防止虚焊。虚焊是指焊料与被焊物表面没有形成合金结构，只是简单地依附在被焊金属的表面上。在焊接时，如果只有一部分形成合金，而其余部分没有形成合金，这种焊点在短期内也能通过电流，用仪表测量也很难发现问题。但随着时间的推移，没有形成合金的表面就被氧化，此时便会出现时通时断的现象，这势必造成产品的质量问题。

虚焊形成的原因有：焊接面氧化或有杂质，焊锡质量差，焊剂性能不好或用量不当，焊接温度掌握不当，焊接结束但焊锡尚未凝固时就移动焊接元件等。

（2）桥接

桥接是指焊料将印制电路板中不应连接的相邻的印制导线及焊盘连接起来的现象。明显的桥接较易发现，但细小的桥接用目视法是较难发现的，往往要通过仪器的检测才能暴露出来。

桥接形成的原因有：焊锡用量过多，电烙铁使用不当，导线端头处理不好，自动焊接时焊料槽的温度过高或过低，焊接的时间过长使焊料流动而与相邻的印制导线相连，电烙铁离开焊点的角度过小等。桥接会导致产品出现电气短路，有可能使相关电路的元器件损坏。

（3）拉尖

拉尖是指焊点表面有尖角、毛刺的现象。拉尖形成的原因有烙铁头离开焊点的方向不对，电烙铁离开焊点太慢，焊料质量不好，焊料中杂质太多，焊接时的温度过低等。拉尖现象的存在使得焊点外观不佳、易造成桥接现象；对于高压电路，有时还会出现尖端放电的现象。

（4）球焊

球焊是指焊点形状像球形、与印制电路板只有少量连接的现象。球焊形成的原因有：印制板面上有氧化物或杂质，焊料过多，焊料的温度过低导致焊料没有完全熔化，焊点加热不均匀，以及焊盘、引线不能润湿等。由于被焊部件只有少量连接，因而其机械强度差，略微振动就会使连接点脱落，造成虚焊或断路故障。

（5）焊料过少

焊料过少是指焊料撤离过早，焊料未形成平滑面的现象。焊料过少的主要原因是焊料撤离过早。焊料过少使得焊点的机械强度不高，电气性能不好，容易松动。

（6）空洞

空洞是指焊点内部出现气泡的现象。空洞是由于焊盘的穿线孔太大、焊料不足，致使焊料没有全部填满印制电路板插件孔而形成的。空洞形成的原因有印制电路板焊盘开孔位置偏离了焊盘中点，孔径过大，孔周围焊盘氧化、脏污，预处理不良等。存在空洞的印制电路板暂时可以导通，但长时间使用时，容易引起导通不良。

（7）印制电路板铜箔起翘、焊盘脱落

印制电路板铜箔起翘、焊盘脱落是指印制电路板上的铜箔部分脱离印制电路板的绝缘基板，或铜箔脱离基板并完全断裂的情况。印制电路板铜箔起翘、焊盘脱落形成的原因有：焊接时间过长，温度过高，反复焊接等；或在拆焊时，由于焊料没有完全熔化就拔取元器件而造成的。印制电路板铜箔起翘、焊盘脱落会使电路出现断路或元器件无法安装的情况，甚至损坏整个印制电路板。

从分析上面所列举的焊接缺陷产生的原因可知，提高焊接质量要从两个方面入手，即：

第一，要熟练地掌握焊接技能，准确地掌握焊接温度和焊接时间，使用适量的焊料和焊剂，认真对待焊接过程的每一个步骤。

第二，要保证焊件的可焊性及其表面的清洁，必要时采取预先上锡或清洁的措施。

二、元器件的引线加工

电子元器件的种类繁多，外形各异，引出线也多种多样，所以印制电路板的组装方法也就各有差异。因此，必须根据产品的结构特点、装配密度以及产品的使用方法和要求来决定其组装方法。元器件装配到基板之前，一般都要先进行加工处理，然后再进行插装。良好的成形及插装工艺，不但能使机器性能稳定、防振、减少损坏，而且还能使机内整齐美观。在安装前，根据安装位置的特点及技术方面的要求，要预先把元器件引线弯曲成一定的形状，使元器件在印制电路板上的装配排列整齐，并便于安装和焊接，提高装配质量和效率，增强电子设备的防振性和可靠性。

（一）元器件引线的预加工处理

由于元器件引线的可焊性，虽然在制造时就有这方面的技术要求，但因生产工艺的限制，加上包装、储存和运输等中间环节的时间较长，使得引线表面产生氧化膜，导致引线的可焊性严重下降，因此元器件引线在成形前必须进行加工处理。

元器件引线预加工处理主要包括引线的校直、表面清洁及上锡三个步骤。要求引线处理后不允许有伤痕，且镀锡层均匀、表面光滑、无毛刺和残留物。

（二）引线成形的基本要求

引线成形工艺就是根据焊点之间的距离，将引线做成需要的形状。目的是使它能迅速而准确地插入孔内，其基本要求如下：

（1）元件引线开始弯曲处离元件端面的最小距离应不小于 2mm。

（2）弯曲半径不应小于引线直径的 2 倍。

（3）引线成形后，元器件本体不应产生破裂，表面封装不应损坏，引线弯曲部分不允许出现模印、压痕和裂纹。

（4）引线成形后，其直径的减小或变形不应超过 10%，其表面镀层剥落的长度不应大于引线直径的 1/10。

（5）元件标称值应处在便于查看的位置。

（6）怕热元件要求增长引线，成形时应进行绕环。

（7）引线成形后的元器件应放在专门的容器中保存，元器件型号、规格和标志应向上。

（8）引线成形的尺寸应符合安装要求。

（三）成形方法

为保证引线成形的质量和一致性，应使用专用工具和成形模具。成形工序因生产方式的不同而不同。在自动化程度高的工厂，成形工序是在流水线上自动完成的。在没有专用工具或加工少量元器件时，可采用手工成形，并使用平口钳、尖嘴钳、镊子等一般工具。

第三章　电子产品的组装与调试工艺

电子产品的组装是将各种电子元器件、机电元件及结构件，按照设计要求装联在规定的位置上，组成具有一定功能的完整电子产品的过程。电子产品组装的目的是以较合理的结构安排、最简化的工艺步骤，实现整机的技术指标，并制造出稳定可靠的产品。本章通过对具体电子产品的组装，学习简单的电子产品的结构组成、组装工艺流程与印制电路板的安装，培养学生的动手能力及严谨的工作作风。

第一节　电子产品组装

一、组装工艺概述

电子产品的组装就是将构成整机的各零部件、插装件以及单元功能整件（如各机电元件、印制电路板、底座以及面板等），按照设计要求，进行装配、连接，组成一个具有一定功能的、完整的电子整机产品的过程，以便进行整机调整和测试。

电子产品组装的主要内容包括电气装配和机械装配两大部分。电气装配部分包括元器件的布局，元器件、连接线安装前的加工处理，各种元器件的安装、焊接，单元装配，连接线的布置与固定等工作。机械装配部分包括机箱和面板的加工，各种电气元件固定支架的安装，各种机械连接和面板、控制器件的安装，以及面板上必要的图标、文字符号的喷涂等工作。

二、装配级别与要求

（一）装配级别

按组装级别来分，整机装配按元件级，插件级，插箱板级和箱、柜级顺序进行组装，如图 3-1 所示。

1. 元件级组装

用于电路元器件、集成电路的组装，是组装中的最低级别。其特点是元器件的结构不可分割。

2. 插件级组装

用于组装和互连装有元器件的印制电路板或插件板等。

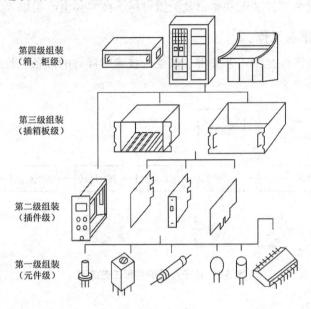

第四级组装
（箱、柜级）

第三级组装
（插箱板级）

第二级组装
（插件级）

第一级组装
（元件级）

图 3-1　电子产品的装配级别

3. 插箱板级组装

用于安装和互连插件或印制电路板部件。

4. 箱、柜级组装

主要是通过电缆及连接器互连插件和插箱，并通过电源电缆送电构成独立的、有一定功能的电子仪器、设备和系统。

在电子产品的装配过程中，先进行元件级组装，再进行插件级组装、插箱板级组装，最后是箱、柜级组装。在较简单的电子产品装配中，可以把第三级和第四级组装合并完成。

（二）装配顺序

整机联装的目的是利用合理的安装工艺以实现预定的各项技术指标。电子产品整机的总装有多道工序，这些工序的完成顺序是否合理，直接影响到产品的装配质量、生产效率以及产品质量。整机安装的基本顺序是：先轻后重、先小后大、先铆后装，先装后焊、先里后外、先下后上、先平后高、易碎易损件后装，上道工序不得影响下道工序的安装。

三、装配工艺流程

整机装配工艺过程根据产品的复杂程度、产量大小等方面的不同而有所区别。但总体来看，其包括装配准备、部件装配、整机装配、整机调试、整机检验、包装出厂等几个环节，如图 3-2 所示。

（一）装配准备

装配准备主要是为部件装配和整机装配做材料、技术和生产组织等方面的准备工作。

1.技术资料的准备工作

技术资料的准备工作是指工艺文件、必要的技术图样等的准备，特别是新产品的生产技术资料，更应准备齐全。

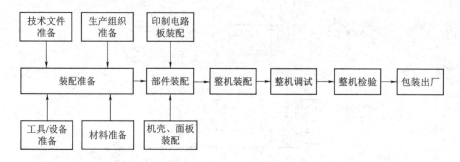

图 3-2　电子产品的装配工艺流程

2.生产组织准备

生产组织准备是指根据工艺文件确定工序步骤和装配方法，并进行流水线作业安排、人员配备等。

3.工具和设备准备

在电子产品的装配中，常用的手工工具有适用于一般操作工序的必需工具，如电烙铁、剪刀、斜口钳、尖头钳、平口钳、剥线钳、镊子与旋具等；用于修理的辅助工具，如电工钻、锉刀、电工钳、刮刀和金工锯等；装配后进行自查的计量工具及仪表，如直尺、游标卡尺和万用表等。

在电子产品的装配中，用于大批量生产的专用设备有元件刮头机、切线剥线机、自动插件机、普通浸锡炉、波峰焊接机、烫印机等。

4.材料准备

材料准备工作是指按照产品的材料工艺文件进行购料备料，再完成协作零、部、整件的质量抽检、元器件质检、导线和线扎加工、屏蔽导线和电缆加工、元器件引线成形与搪锡、打印标记等工作。

（二）部件装配

部件是电子产品中的一个相对独立的组成部分，由若干元器件、零件装配而成。部件装配是整机装配的中间装配阶段，是为了更好地在生产中进行质量管理，更便于在流水线上组织生产。部件装配质量的好坏直接影响到整机的质量。在生产工厂中，部件装配一般在生产流水线上进行，有些特殊部件也可由专业生产厂家提供。

1. 印制电路板装配

一般电子产品的部件装配主要是印制电路板装配。

2. 机壳、面板装配

产品的机壳、面板构成产品的主体骨架，其既要安装部分零部件，同时也对产品的机内部件起到保护作用，以保证使用、运输和维护方便；并且具有观赏价值的优美外观又可以提高产品的竞争力。

（三）整机装配

整机是由经检验合格的材料、零件和部件连接紧固而形成的具有独立结构或独立用途的产品。整机装配又叫整机装联或整机总装。一台收音机的整机装配，就是把装有元器件的印制电路板机芯，装有调谐器件、扬声器、各种开关和电位器的机壳、面板组装在一起的过程。整机装配后还需进行调试，经检验合格后才能最终成为产品。

（四）整机调试

调试工作包括调整和测试两个部分，调整主要是指对电路参数的调整，即对整机内可调元器件及与电气指标有关的调谐系统、机械传动部分进行调整，使之达到预定的性能要求。测试则是在调整的基础上，对整机的各项技术指标进行系统的测试，使电子产品的各项技术指标符合规定的要求。

（五）整机检验

整机检验主要是指对整机电气性能方面的检查。检查的内容包括各装配件（印制板、电气连接线）是否安装正确，是否符合电气原理图和接线图的要求，导电性能是否良好等。

（六）包装出厂

包装是电子整机产品总装过程中保护和美化产品及促进销售的环节。电子整机产品的包装，通常着重考虑方便运输和储存两方面。合格的电子整机产品经过合格的包装，就可以入库储存或直接出厂投向市场，从而完成整个总装过程。

四、印制电路板的组装

由于印制电路板在整机结构中具有许多独特的优点而被大量的使用，因此，在当前的电子产品组装中是以印制电路板为中心展开的，印制电路板的组装是电子产品整机组装的关键环节。

印制电路板的组装是根据设计文件和工艺文件的要求，将电子元器件按一定规律插装在印制基板上，并用紧固件或锡焊等方式将其固定的装配过程。印制电路板主要有两方面的作用，就是实现电路元器件的电气连接和作为元器件的机械支撑体组织元器件的机械固定。通常将没有安装元器件的印制电路板叫作印制基板，印制基板的两侧分别叫作元件面和焊接面。元件面用来安装元件，元件的引出线以通孔插装的方式通过基板插孔，在焊接面的焊盘处通过焊接实现电气连接和机械固定。

（一）元器件引线成形

元器件引线在成形前必须进行预加工处理，主要包括引线的校直、表面清洁及搪锡三个步骤。预加工处理的要求是引线处理后，不允许有伤痕、镀锡层均匀、表面光滑、无毛刺和焊剂残留物。

引线成形工艺就是根据焊点之间的距离，做成需要的形状，目的是使它能迅速而准确地插入孔内。

（二）元器件安装的技术要求

（1）元器件的标志方向应按照图纸规定的要求，且安装后能看清元器件上的标志。

（2）元件的极性不得安装错误，安装前应套上相应的套管。

（3）安装高度应符合规定要求，同一规格的元器件应尽量安装在同一高度上。

（4）安装顺序一般为先低后高、先轻后重、先易后难、先一般元件后特殊元件。

（5）元器件在印制板上分布应尽量均匀、疏密一致、排列整齐美观，不允许斜排、立体交叉和重叠排列。元器件外壳和引线不得相碰，要保证它们之间有 1mm 左右的安全间隙。

（6）元器件的引线直径与印制焊盘孔径应有 0.2~0.4mm 的合理间隙。

（7）一些特殊元器件的安装处理，如 MOS 集成电路的安装应在等电位工作台上进行，以免静电损坏器件。发热元件（如 2W 以上的电阻）要与印制板面保持一定的距离，不允许贴面安装，较大元器件的安装应采取固定（如绑扎、粘贴、支架固定等）措施。

（三）元器件在印制板上的安装方法

元器件在印制板上的安装方法有手工安装和机械安装两种，前者简单易行，但效率低、错装率高。后者安装速度快、误装率低，但设备成本高，且引线成形要求严格。它一般包括以下几种安装形式。

1. 贴板安装

贴板安装的安装形式如图 3-3 所示，适用于防振要求高的产品。元器件应贴紧印制基板面，安装间隙小于 1mm。当元器件为金属外壳，且安装面又有印制导线时，应加垫绝缘衬垫或绝缘套管。

2. 悬空安装

悬空安装的安装形式如图 3-4 所示，适用于发热元件的安装。元器件距印制基板面要有一定的距离，安装距离一般为 3~8mm。

3. 垂直安装

垂直安装的安装形式如图 3-5 所示，适用于安装密度较高的场合。其元器件应垂直于印制基板面，但大质量细引线的元器件不宜采用这种形式。

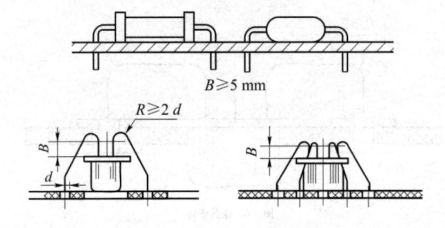

$B \geqslant 5$ mm

$R \geqslant 2 d$

图 3-3　贴板安装

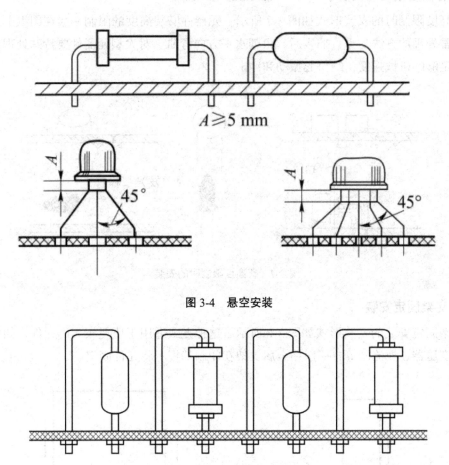

$A \geqslant 5$ mm

45°　　　45°

图 3-4　悬空安装

图 3-5　垂直安装

4. 埋头安装

埋头安装的安装形式如图 3-6 所示。这种方式可提高元器件的防振能力，并降低安装高度。由于元器件的壳体埋于印制基板的嵌入孔内，因此又称为嵌入式安装。

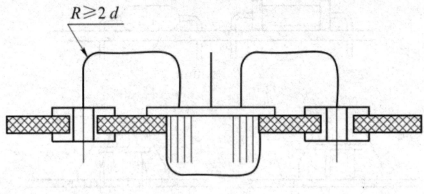

图 3-6　埋头安装

5. 有高度限制时的安装

有高度限制时的安装形式如图 3-7 所示。元器件安装高度的限制一般在图纸上是标明的，通常处理的方法是垂直插入后，再朝水平方向弯曲。对大型元器件要特殊处理，以保证其有足够的机械强度，经得起振动和冲击。

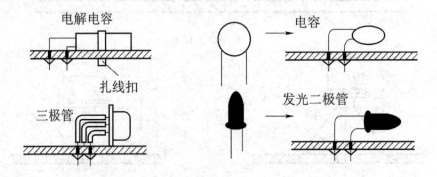

图 3-7　有高度限制时的安装

6. 支架固定安装

支架固定安装的安装形式如图 3-8 所示。这种方式适用于质量较大的元件，如小型继电器、变压器、扼流圈等，一般用金属支架在印制基板上将元件固定。

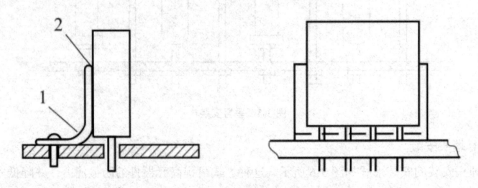

图 3-8　支架固定安装

（四）印制电路板的组装工艺流程

1. 手工装配工艺流程

在产品的样机试制阶段或小批量试生产时，印制板装配主要靠手工操作，即操作者把散装的元器件逐个装接到印制基板上，如图3-9所示。

手工装配使用灵活方便，广泛应用于各道工序或各种场合，但其速度慢、易出差错、效率低，不适应现代化生产的需要。

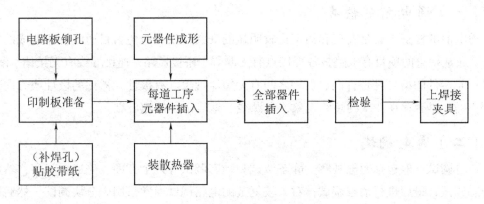

图 3-9 手工装配工艺流程

2. 自动装配工艺流程

自动装配一般使用自动或半自动插件机和自动定位机等设备,工艺流程如图3-10所示。经过处理的元器件装在专用的传输带上，间断地向前移动，保证每一次有一个元器件进到自动装配机装插头的夹具里，插装机自动完成切断引线、引线成形、移至基板、插入、弯角等动作，并发出插装完成的信号，并使所有装配回到原来的位置，准备装配第二个元件。

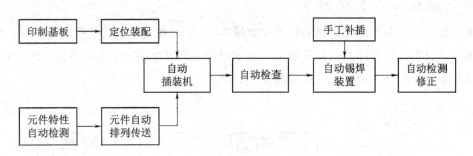

图 3-10 自动装配工艺流程

第二节　调试工艺

一、调试的内容

（一）通电前的检查

通电前的检查主要是发现和纠正比较明显的安装错误，避免盲目通电可能造成的电路损坏。通常检查的项目有电路板各焊接点有无漏焊、桥接短路；连接导线有无接错、漏接、断线；元器件的型号是否有误、引脚之间有无短路现象。有极性元器件的极性或方向连接是否正确；是否存在严重的短路现象，电源线、地线是否接触可靠。

（二）通电调试

通电调试一般包括通电观察、静态调试和动态调试等几个方面。先通电观察，然后进行静态调试，最后进行动态调试；对于较复杂的电路调试通常采用先分块调试，然后再进行总调试的方法。有时还要进行静态和动态的反复交替调试，才能达到设计要求。

（三）整机调试

整机调试是在单元部件调试的基础上进行的。各单元部件的综合调试合格后，再装配成整机或系统。整机调试的内容包括：外观检查、结构调试、通电检查、电源调试、整机统调、整机技术指标综合测试及例行试验等。

二、调试的工艺流程

电子整机因为各自单元电路的种类和数量不同，所以在具体的测试程序上也不尽相同。

通常调试的一般程序是：接线通电→调试电源→调试电路→全参数测量→环境试验→整机参数复调。具体的调试工艺流程如图 3-11 所示。

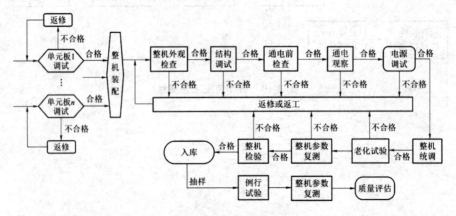

图 3-11　调试的工艺流程

（一）整机外观检查

整机外观检查主要检查外观部件是否完整，拨动、调整是否灵活。以收音机为例，应检查天线、电池夹子、波段开关、刻度盘、旋钮、开关等项目。

（二）结构调试

结构检查主要检查内部结构装配的牢固性和可靠性。例如电视机电路板与机座安装是否牢固，各部件之间的接插座有无虚接。

（三）通电前检查

在通电前应检查电路板上的接插件是否正确、到位，检查电路中元器件及连线是否接错，注意晶体管管脚、二极管方向、电解电容极性是否正确，检查有无短路、虚焊、错焊、漏焊等情况，测量核实电源电压的数值和极性是否正确。

（四）通电观察

通电后，应观察机内有无放电、打火、冒烟等现象，有无异常气味，各种调试仪器指示是否正常。如发现异常现象，应立即断电检查，待正常后才可进行下一步调试。

（五）电源调试

电源调试的内容主要是测试各输出电压是否达到规定值，电压波形有无异常或质量指标是否符合设计要求等。通常先在空载状态下进行调试，其目的是防止因电源未调好而引起的负载部分的电路损坏。对于开关型稳压电源，应该加假负载进行检测和调整。

（六）整机统调

各单元电路、部件调整完毕后，再把所有的部件及印制电路板全部插上，进行整机统调，检查各部分连接有无影响，以及机械结构对电气性能的影响等。在调整过程中，应对各项参数分别进行测试，使测试结果符合技术文件规定的各项技术指标。整机调试完毕后，应紧固各调整元件。

（七）通电老化试验

电子产品在测试完成之后，一般要进行整机通电老化试验，目的是提高电子产品工作的可靠性。

（八）整机参数复测

整机经通电老化后，其各项技术性能指标会有一定程度的变化，通常还需进行参数复调，使交付使用的产品具有最佳的技术状态。

（九）整机检验

经过上述调试步骤的整机为了达到设计技术要求，必须经过严格的技术检验。不同类型的整机有不同的技术指标及相应的测试方法，按照国家对该类电子产品的规定进行处理。

（十）例行试验

例行试验主要包括环境试验和寿命试验，环境试验是一种检验产品适应环境能力的方法。寿命试验是用来考察产品寿命规律的试验。例行试验的样品机应在检验合格的整机中随机抽取。

第四章　常用模拟电子电路及印刷电路

第一节　模拟电子电路

电子电路分为模拟电子电路和数字电子电路,而模拟电子电路通常是由基本放大电路、集成运算放大电路、功率放大电路、信号产生与处理电路、直流稳压电路等具有一定功能的单元电路组成的。下面主要介绍基本放大电路与直流稳压电路。

一、基本放大电路

放大是最基本的模拟信号处理功能,大多数模拟电子系统都应用了不同类型的放大电路。放大电路或称放大器,其作用是把微弱的电信号(电压、电流、功率)放大到所需的量级,而且其输出信号的功率比输入信号的功率大,输出信号的波形与输入信号的波形相同。

放大电路也是构成其他模拟电路(如运算、滤波、振荡、稳压等电路)的基本单元电路。

(一)晶体三极管放大电路

晶体三极管放大电路的 3 种基本组态是共射、共集、共基放大电路,其电路组成、特点及用途如表 4-1 所示。这 3 种组态各有优缺点,在应用中,它们可以单独使用,也可以用其中两种电路构成组合单元电路,还可以通过一定的耦合方式连接成多级放大电路。

表 4-1　晶体三极管放大电路的组成、特点及用途

组态	共射	共集	共基
电路原理图			

组态	共射	共集	共基
特点及用途（$\dot{A}_i$ 为电流放大倍数、$\dot{A}_{tt}$ 为电压放大倍数）	$\dot{A}$ 与 $\left\|\dot{A}_{tt}\right\|$ 均较大，输出电压与输入电压反相，一般用于电压放大电路，是应用最广泛的一种电路	$\left\|\dot{A}_i\right\|$ 较大，$\left\|\dot{A}_{tt}\right\| < 1$ 输入电压与输出电压同相，为跟随关系，且 R_i 高 R_o 低，常用作输入级、输出级以及起隔离作用的中间级	$\left\|\dot{A}_i\right\| < 1$，但 $\dot{A}_{tt}$ 比较大，输出、输入电压同相；R_i 低 R_o 高。用于宽频带放大或恒流源

（二）场效应管放大电路

场效应管组成的放大电路与晶体管组成的放大电路的组成原则是一样的，分析方法也一样，只是由于其内部原理不同，因此，它们相对应的具体电路结构不同。

场效应管组成的 3 种基本放大电路分别是共源、共漏和共栅放大电路，但共栅放大电路很少使用。共源与共漏放大电路的组成与特点见表 4-2。

表 4-2　场效应管放大电路的组成与特点

组态	共源放大电路	共漏放大电路
电路原理图		
特点	（1）电压增益大； （2）输入电压与输出电压反相； （3）输入电阻高、输入电容小	（1）电压增益小于 1，但接近 1； （2）输入电压与输出电压同相； （3）输入电阻高、输出电阻小，可作阻抗变换使用

下面介绍一种常见的共发射极接法的交流放大电路。

图 4-1 所示为共发射极接法的基本交流放大电路。输入端接交流信号源（通常可用一个电动势与电阻串联的电压源等效表示），输入电压为 u_1；输出端接负载电阻 R_L，输出电压为 u_0。电路中各个元件的作用如下：

（1）晶体管 V_T

晶体管是放大电路中的放大元件，也是控制元件。利用它的电流放大作用，在集电极电路获得放大的电流，该电流受输入信号的控制。同时，能量较小的输入信号 u_i，通过晶体管的控制作用控制电源所供给的能量，以在输出端获得一个能量较大的信号。

（2）集电极电源 E_C

电源除为输出信号提供能量外，还能保证集电结处于反向偏置，以使晶体管起到放大的作用。E_C 一般为几伏到几十伏。

（3）集电极负载电阻 R_C

集电极负载电阻也称集电极电阻，它主要是将集电极电流的变化变换为电压的变化，以实现电压放大。R_C 阻值一般为几千欧到几十千欧。

（4）基极电源 E_B 和基极电阻 R_B

它们的作用是使发射结处于正向偏置，并提供大小适当的基极电流 I_B，以使放大电路获得合适的工作点。R_B 阻值一般为几十千欧到几百千欧。

（5）耦合电容 C_1、C_2

它们起到隔直通交的作用。一方面通过 C_1 隔断放大电路与信号源之间的直流通路，通过 C_2 隔断放大电路与负载之间的直流通路，使三者之间无直流联系，互不影响即隔直作用；另一方面又保证交流信号畅通无阻地经过放大电路，沟通信号源、放大电路和负载之间的交流通路即交流耦合作用。通常要求耦合电容上的交流电压减小到可以忽略不计，即对交流信号可视作短路。因此电容值要取得较大，对交流信号频率其容抗相当于零。电容值一般为几微法到几十微法，它用的是极性电容器，连接时要注意其极性。

图 4-1 所示中用了两个直流电源，实际上可合二为一。将 E_B 省去，再把 R_B 改接一下，只由 E_C 供电，如图 4-2 所示。这样，发射结正向偏置，产生合适的基极电流 I_B。

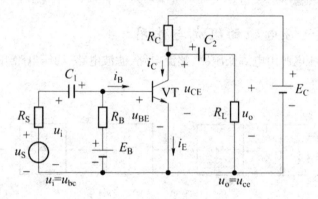

图 4-1　两个电源的共射放大电路

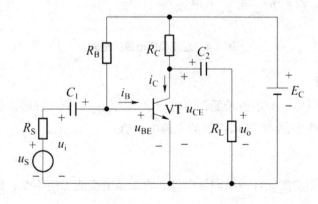

图 4-2　单电源共射放大电路

在放大电路中，通常把公共端接"地"，设其电位为零，并作为电路中其他各点电位的参考点。同时为了简化电路的画法，习惯上不画电源符号，而只在连接其正极的一端标出它对地的电压值和极性，如图 4-3 所示的基本放大电路。如忽略电源 E_C 的内阻，则有 $V_{CC}=E_C$。

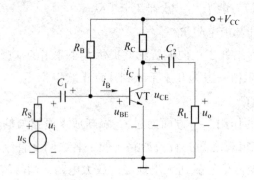

图 4-3　基本共射放大电路

二、直流稳压电路

电子设备中都需要稳定的直流电源，功率较小的直流电源大多数都是将 50Hz 的交流电经过整流、滤波和稳压后获得。

（一）直流稳压电源的组成与作用

小功率直流稳压电源由电源变压器、整流电路、滤波电路、稳压电路组成，如图 4-4 所示。其各部分的作用如下。

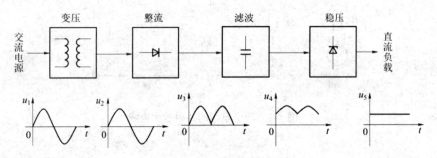

图 4-4　直流稳压电源的组成

1. 电源变压器

由于其所需直流电压的数值较低，而电网电压比较高，所以在整流前首先应用电源变压器把 220V 的电网电压变换成所需要的交流电压值。

2. 整流电路

整流电路是利用整流元件的单向导电性，将交流电变成方向不变、但大小随时间变化的脉动直流电。

3. 滤波电路

滤波电路是利用电容器、电感线圈的储能特性，把脉动直流电中的交流成分滤掉，从而得到较为平滑的直流电。

4. 稳压电路

电网电压的波动或负载发生改变会引起输出电压的改变。采用稳压电路可以减轻因电网电压波动和负载变化造成的直流电压变化。

（二）直流稳压电路的分类

直流稳压电路的分类方法有多种，根据直流稳压电路组成的元件类型，可以分为分立元件型直流稳压电路和集成稳压电路；根据直流稳压电路中的核心元件（调整管）与负载之间的连接关系，可以分为并联型直流稳压电路和串联型直流稳压电路；根据直流稳压电路核心元件（调整管）的工作状态，可以分为线性稳压电路和开关稳压电路；根据直流稳压电路的适用范围，可以分为通用型直流稳压电路和专用型直流稳压电路。下面介绍几种常用的直流稳压电路。

1. 并联型稳压电路

（1）组成

并联型稳压电路（硅稳压管稳压电路）的组成如图 4-5 所示，这种稳压电路主要由硅稳压管和限流电阻组成。

（2）工作原理

输入电压 u_1 波动时会引起输出电压 U_O 波动。u_1 升高将引起 U_O 随之升高，导致稳压管的电流 I_Z 急剧增加，使得电阻 R 上的电流 I_R 和电压 U_R 迅速增大，从而使 U_O 基本保持不变。反之，当 u_1 减小时，U_R 相应减小，仍可保持 U_O 基本不变。

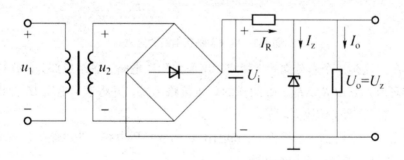

图 4-5　并联型稳压电路的组成

当负载不变而电网电压变化时的稳压过程如图 4-6 所示。

当负载电流发生变化引起输出电压 I_O 发生变化时，同样会引起 I_Z 的相应变化，使得 U_O 保持基本稳定。如当，I_O 增大时，I_R 和 U_R 均会随之增大，使得 U_O 下降，这将导致 I_Z 急剧减小，使 I_R 仍维持原有数值，保持 U_R 不变，使得 U_O 得到稳定。

$$电网电压升高 \to U_i \to U_O = U_Z \uparrow \to I_Z \uparrow \to U_R = (I_O + I_Z) R \uparrow \to U_O \downarrow$$

图 4-6　电网升压的稳压过程

当电网电压不变而负载变化时的稳压过程如图 4-7 所示。

$$R_L \downarrow \to I_O \uparrow,\ I_R \uparrow \to U_O = U_Z \downarrow \to I_Z \downarrow \to I_R \downarrow,\ U_R \downarrow \to U_O \uparrow$$

图 4-7　负载变化的稳压过程

（3）特点

并联型稳压电路具有结构简单，负载短路时稳压管不会损坏等优点。但其输出电压不能调节，且负载电流变化范围小，只适用于负载电流较小、稳压要求较低的场合。

2. 串联型稳压电路

（1）电路的组成及各部分的作用

串联型稳压电路一般由取样环节、基准电压、比较放大环节、调整环节 4 个部分组成，如图 4-8 所示。

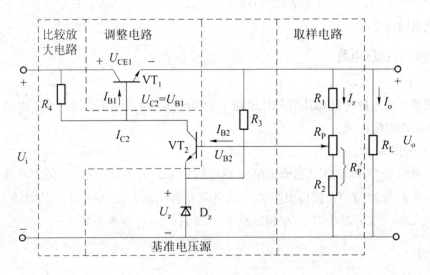

图 4-8　串联型稳压电路的组成

可以看出，这是一个由分立元件组成的串联型稳压电路，各组成部分的作用如下：

①取样环节。它由 R_1、R_P、R_2 组成的分压电路构成，并将输出电压 U_O 分出一部分作为取样电压 U_F，送到比较放大环节。

②基准电压。它由稳压二极管 D_Z 和电阻 R_3 构成稳压电路，为电路提供一个稳定的基准电压 U_Z，并作为调整、比较的标准。

③比较放大环节。它由 VT_2 和 R_4 构成的直流放大器组成，作用是将取样电压 UF 与基准电压 U_Z 之差放大后，再控制调整管 VT_1。

④调整环节。它由工作在线性放大区的功率管 VT_1 组成，VT_1 的基极电流 I_{B1} 受比较放大电路输出的控制，它的改变又可以使集电极电流 I_{C1} 和集、射电压 U_{CE1} 改变，从而达到自动调整稳定输出电压的目的。

（2）工作原理

当输入电压 U_i 或输出电流 I_o 变化引起输出电压 U_o 增大时，取样电压 U_F 相应增大，使 VT_2 管的基极电流 I_{B2} 和集电极电流 I_{C2} 随之增大，VT_2 管的集电极电位 U_{C2} 下降，因此 VT_1 管的基极电流 I_{B1} 减小，使得 I_{C1} 减小，U_{CE1} 增大，U_o 下降，从而使 U_o 保持基本稳定。其稳压过程如图 4-9 所示。

$$I_o \uparrow \rightarrow U_F \uparrow \rightarrow I_{B2} \uparrow \rightarrow I_{C2} \uparrow \rightarrow U_{C2} \downarrow \rightarrow I_{B1} \downarrow \rightarrow U_{CE1} \uparrow \rightarrow U_o \downarrow$$

图 4-9　串联型稳压电路的稳压过程

同理，当 U_i 或 I_o 变化使 U_o 降低时，调整过程相反，U_{CE1} 将减小使 U_o 保持基本不变。从上述调整过程可以看出，该电路是依靠电压负反馈来稳定输出电压的。

如果用集成运算放大器替代分立元件的比较放大电路，则得到采用集成运算放大器的串联型稳压电路，如图 4-10 所示。

可以看出，其电路组成部分、工作原理及输出电压的计算与前述电路完全相同，唯一不同之处是放大环节采用集成运算放大器而不是晶体管。因此，该电路的稳压性能将会更好。

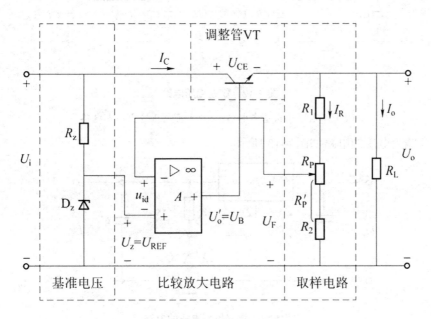

图 4-10　集成运算放大器串联型稳压电路

（三）集成稳压电路

集成稳压电路是将稳压电路的主要元件甚至全部元件制作在一块硅基片上的集成电路。因而它具有体积小、使用方便、工作可靠等特点。

集成稳压器的类型很多，作为小功率的直流稳压电源应用最为普遍的是三端式集成稳压器。三端式集成稳压器是指集成稳压电路仅有输入、输出、接地（或公用）三个接线端子的集成稳压电路。

根据稳压电路的输出电压类型，可以分为三端固定式集成稳压器和三端可调式集成稳压器两种；根据稳压电路的输出电压极性，可以分为正电压输出型（W7800）和负电压输出型（W7900）两种。常见的三端集成稳压器的引脚排列如图 4-11 所示。

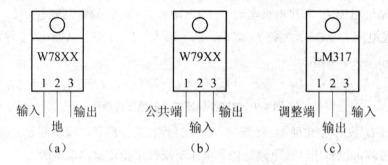

图 4-11　三端集成稳压器的引脚排列

（a）正电压输出型；（b）负电压输出型；（c）可调电压输出型

①集成稳压电路的基本电路如图 4-12 所示。在基本电路中，输出电压 $U_O = U_Z$。

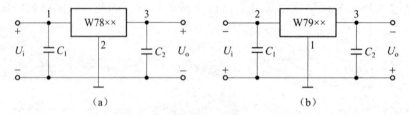

图 4-12　集成稳压电路

（a）正电压输出基本电路；（b）负电压输出基本电路

②提高输出电压的电路如图 4-13 所示。

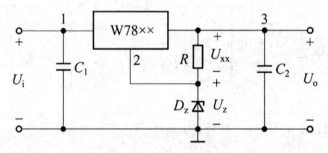

图 4-13　提高输出电压的电路

在上述电路中，输出电压 $U_O = U_{xx} + U_Z$。

③能同时输出正、负电压的电路如图 4-14 所示。

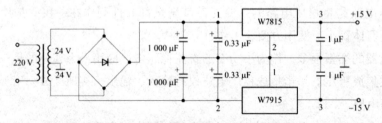

图 4-14　能同时输出正、负电压的电路

④三端可调式集成稳压电路如图 4-15 所示。该电路的主要性能是输出电压可调范围为 1.2~37V，最大输出电流为 1.5A，输出与输入电压差的允许范围为 3~40V。

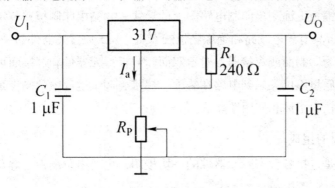

图 4-15　三端可调式集成稳压电路

第二节　印制电路

印制电路板是在覆铜板上完成印制导线和导电图形工艺加工的成品板，是实现电子元器件之间电气连接的电子部件，同时为电子元器件和机电部件提供了必要的机械支撑。Altium Designer 软件作为功能最为强大、使用最为广泛的 EDA 软件，可准确、快速、有效地完成产品的原理图设计和印制电路板设计。下面主要介绍了印制电路板的基础知识，以及用 Altium Designer 09 进行原理图设计和印制电路板设计的流程与方法。

一、印制电路概述

（一）印制电路板的组成及作用

印制电路板（Printed Circuit Board，PCB；通常简称印制板）是指在绝缘基板的表面上按预定的设计方案，用印制的方法形成的印制线路和印制元器件系统，如图 4-16 所示。

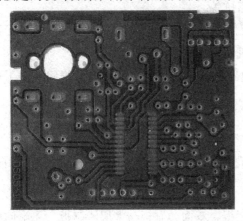
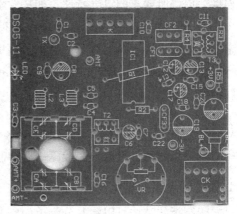

图 4-16　印制电路板

印制电路板是实现电子整机产品功能的主要部件，是通过一定的制作工艺，在绝缘度非常高的基材上覆盖一层导电性能良好的铜薄膜构成的覆铜板，然后再根据具体的印制电路图的要求，在覆铜板上蚀刻出印制电路图上的导线，并钻出印制板安装定位孔以及焊盘和过孔。印制电路板具有导电线路和绝缘底板的双重作用，放置元器件的一面称为元件面，放置导线的一面称为印制面或焊接面。对于双面印制板，元器件和焊接面可能是在同一面的。印制电路板的质量不仅关系到电路在装配、焊接、调试过程中的操作是否方便，也直接影响电子整机的技术指标和使用性能。

1. 印制电路板的组成

印制电路板就是连接各种实际元器件的一块板图，主要由覆铜板、焊盘、过孔、安装孔、元器件封装、导线等组成。

（1）覆铜板。覆铜板全称为覆铜箔层压板，是制造印制电路板的主要材料，它是把一定厚度的铜箔通过黏合剂经过热压贴附在具有一定厚度的绝缘基板上的板材。

（2）焊盘。焊盘是用于安装和焊接元器件引脚的金属孔。

（3）过孔。过孔是用于连接顶层、底层或中间层导电图件的金属化孔。

（4）安装孔。安装孔主要用来将电路板固定到机箱上，其中安装孔可以用焊盘制作而成。

（5）元器件封装。元器件封装一般由元器件的外形和焊盘组成。

（6）导线。导线是用于连接元器件引脚的电气网络铜箔。

（7）填充。填充是用于地线网络的敷铜，可以有效地减小阻抗。

（8）印制电路板边界。印制电路板边界指的是定义在机械层和禁止配线层上的电路板的外形尺寸制板。最后就是按照这个外形对印制电路板进行剪裁的，因此，用户所设计的电路板上的图件不能超过该边界。

2. 印制电路板的作用

印制电路板广泛地应用在电子产品的生产制造中，其在电子设备中的功能如下：

（1）元器件的电气连接。印制电路可以代替复杂的配线，实现电路中各个元器件的电气连接，提供所要求的电气特性，如特性阻抗等。

（2）元器件的机械固定。印制电路板提供了分立器件、集成电路等各种电子元器件的固定、组装和机械支撑的载体，缩小了整机体积，并降低了产品成本。

（3）为自动锡焊提供阻焊图形。印制电路板为元器件安装、检查、维修提供了识别字符和图形。

（二）印制电路板的分类

印制电路板的种类很多，一般可根据印制板的结构与机械特性划分类别。

1. 根据印制板的结构分类

根据印制板的结构可以将其分为单面印制板、双面印制板与多层印制板。无论何种印制板，其基本结构都包括三方面，即绝缘层（基材）、导体层（电路图形）、保护层（阻焊图形），只是由于印制板的层数不同而具有不同层数的绝缘层和导体层。

（1）单面印制板（Single Layer PCB）

单面印制板是绝缘基板只有一面敷铜的电路板。单面印制板只能在敷铜的一面配线，而另一面则放置元器件，如图4-1所示的印制电路板即为单面印制板。它具有无须打过孔、成本低的优点，但因其只能进行单面配线，从而使实际的设计工作往往比双面板或多层板困难得多。它适用于电性能要求不高的收音机、电视机、仪器仪表等。

（2）双面印制板（Double Layer PCB）

双面印制板是在绝缘基板的顶层（Top Layer）和底层（Bottom Layer）两面都有敷铜的电路板，其顶层一般为元件面，底层一般为焊锡层面，中间为绝缘层，双面板的两面都可以敷铜和配线，一般需要由金属化孔连通，如图4-17所示。双面印制板的电路一般比单面印制板的电路复杂，但配线比较容易，因此被广泛采用，是现在最常见的一种印制电路板。它适用于电性能要求较高的通信设备、计算机和电子仪器等产品。

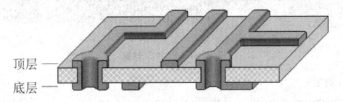

顶层
底层

图 4-17 双面印制板

（3）多层印制板（Multi Layer PCB）

多层印制板是由三层或三层以上的导电图形和绝缘材料层压合而成的印制板，包含了多个工作层面。多层印制板除了顶层、底层以外，还增加了内部电源层、内部接地层及多个中间配线层。应用较多的多层印制电路板为4~6层板，为了把夹在绝缘基板中间的电路引出，多层印制板上用来安装元件的孔需要金属化，即在小孔内表面涂敷金属层，使之与夹在绝缘基板中间的印制电路接通。随着电子技术的发展，电路的集成度越来越高，其引脚也越来越多，在有限的板面上已无法容纳所有的导线，因此，多层板的应用会越来越广泛。通常将多层印制电路板的各层分类为信号层（Signal）、电源层（Power）或是地线层（Ground），如图4-18所示。

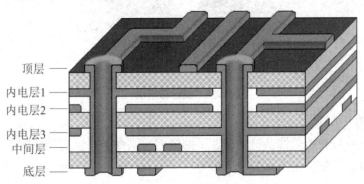

顶层
内电层1
内电层2
内电层3
中间层
底层

图 4-18 多层印制板

2. 根据印制板的机械特性分类

根据印制板的机械特性可以将其分为刚性印制板、柔性印制板与刚柔性印制板。

（1）刚性印制板

刚性印制板具有一定的机械强度，用它装成的部件具有一定的抗弯能力，在使用时处于平展状态，如图 4-19 所示。常见的 PCB 一般是刚性印制板，它主要在一般电子设备中使用，如计算机中的板卡、家电中的印制电路板等。

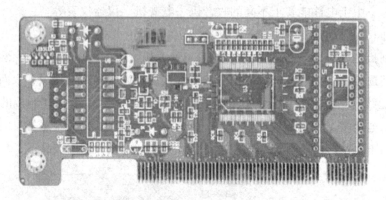

图 4-19　刚性印制板

（2）柔性印制板

柔性印制板也叫挠性印制板，是以软质绝缘材料为基材制成的，其铜箔与普通印制板相同，并使用黏合力强、耐折叠的黏合剂压制在基材上。其表面用涂有黏合剂的薄膜覆盖，可防止电路和外界接触引起短路和绝缘性下降，并能起到加固作用，如图 4-20 所示。柔性印制板最突出的特点是具有挠性，能折叠、弯曲、卷绕，因此，它被广泛用于计算机、笔记本电脑、照相机、摄像机、通信、仪表等电子设备上。

图 4-20　柔性印制板

（3）刚柔性印制板

刚柔性印制板是利用柔性基材，并在不同区域与刚性基材结合制成的印制板，主要用于印制电路的接口部分，如图 4-21 所示。

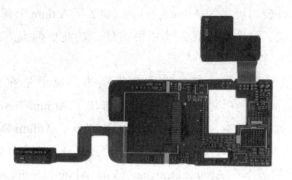

图 4-21　刚柔性印制板

二、Altium Designer 基础

（一）Altium Designer 概述

1. 计算机辅助设计技术

随着现代电子工业的高速发展以及大规模集成电路（IC）的开发使用，使得对电路板的要求越来越高，设计制造周期也越来越短，同时由于集成电路技术及电路组装工艺的飞速发展，印制电路板上的组件密度与日倍增，传统的手工设计和制作手段已不能适应电子系统制造及发展的需要。因此，电子电路的分析与设计方法发生了重大变革，以计算机辅助设计（Computer Aided Design，CAD）为基础的电子设计技术日益为人们所重视，已广泛应用于电路设计与系统集成等设计之中。

采用CAD方法设计印制电路板改变了以手工操作和电路实验为基础的传统设计方法，避免了传统手段的缺点，精简了工艺检查标准，缩短了设计周期，提高了劳动生产率，很大程度地改进了产品质量。CAD 已成为现代电子系统设计的关键技术之一，是电子行业必不可少的工具与手段。目前，用于印制电路板设计的 CAD 软件较多，例如 Altium 的 Protel、Cadence 的 OrCAD 与 Allegro，其中使用最为广泛的是 Altium 公司的 Protel 系列软件。

2. Altium Designer 软件简介

Altium 公司的 Protel 系列软件作为功能最为强大、使用最为广泛的电子 CAD 软件，可准确、快速、有效地完成产品的原理图设计和印制板设计。Protel 最早是在 1991 年由 Protel 公司（Altium 公司的前身）发布的世界上第一个基于 Windows 环境的 EDA 工具软件，即 Protel for Windows 1.0 版。在 1998 年，Protel 公司又推出了 Protel 98，是一个将原理图设计、PCB 设计、无网格配线器、可编程逻辑器件设计和混合电路模拟仿真集成于一体的32 位软件。随后又推出了 Protel 99 以及 Protel 99SE，它是一个完整的电子电路原理图和印制电路板电子设计系统，采用 Client/Server 体系结构，包含了电子电路原理图设计、多层印制电路板设计、可编程逻辑器件设计、模拟电路与数字电路混合信号仿真及分析、图表生成、电子表格生成、同步设计、联网设计与 3D 模拟等功能。在文档的管理方面，它采用设计数据库对文档进行统一管理，并兼容一些其他设计软件的文件格式等。

2001 年 8 月 Protel 公司更名为 Altium 公司。2002 年 Altium 公司推出了新产品 Protel DXP，Protel DXP 集成了更多的工具，使用更方便，功能更强大。2004 年推出的 Protel 2004 对 Protel DXP 进行了完善。

Altium Designer 作为 Protel 系列软件的高端版本，最早是在 2006 年年初推出的 Altium Designer 6.0 版本，并在以后的几年中分别推出了 Altium Designer 6.3、6.5、6.7、6.8、6.9、7.0、7.5 和 8.0 等版本，2008 年 12 月，又推出了 Altium Designer Summer 09。在 2011 年推出的 Altium Designer 10.0 综合了电子产品一体化开发所需的所有必需的技术和功能，目前其较高的版本为 Altium Designer 15.0。Altium Designer 除了全面继承包括 Protel 99SE、Protel DXP 在内的先前一系列版本的功能和优点外，还增加了许多改进和很多高端功能。该平台拓宽了板级设计的传统界面，全面集成了 FPGA 设计功能和 SOPC 设计实现功能，从而允许工程设计人员能将系统设计中的 FPGA 与 PCB 设计及嵌入式设计集成在一起，更加贴近了电子设计师们的应用需求，最大限度地提升了设计开发的效率。

（二）Altium Designer 09 的设计环境

Altium Designer 09 是 Protel 系列软件基于 Windows 平台开发的产品，并为用户提供了一个爽心悦目的智能化操作环境，能够面向 PCB 设计项目，为用户提供板级设计的全线解决方案，并能多方位实现设计任务，是一款具有真正的多重捕获、多重分析和多重执行设计环境的 EDA 软件。

启动 Altium Designe 09 后，系统将进入 Altium Designer 集成开发工作环境，如图 4-22 所示。整个工作环境主要包括系统主菜单、系统工具栏、工作区面板、系统工作区、状态栏及导航栏等项目。用户可以根据需要创建原理图文档、PCB 项目与 FPGA 项目，并可进行信号完整性分析及仿真等操作。Altium Designer 提供了一个友好的主页面（HomePage），用户可以使用该页面进行项目文件的操作，如创建新项目、打开文件等。用户如果需要显示该主页面，可以选择"View"→"Home"命令，或者单击右上角的图标。

1. 系统主菜单

系统主菜单包括 DXP（系统菜单）、File（文件菜单）、View（视图菜单）、Project（项目菜单）、Window（窗口菜单）与 Help（帮助菜单）6 个部分。在菜单命令中，凡是带"▶"标记的，都表示该命令还有下一级子菜单。

（1）DXP（系统菜单），主要用于进行资源用户化、系统参数设置、许可证管理等操作。

（2）File（文件菜单），主要用于各种文件的新建、打开和保存等操作。

（3）View（视图菜单），主要用于控制界面中的工具栏、工作面板、命令行及状态栏等操作。

（4）Project（项目菜单），主要用于项目文件的管理，包括项目文件的编译、添加、删除、显示项目文件差异和版本控制等操作。

（5）Window（窗口菜单），主要用于多个窗口的排列（水平、垂直、新建）、打开、隐藏及关闭等操作。

（6）Help（帮助菜单），主要用于相关操作的帮助、序列号的查看等操作。

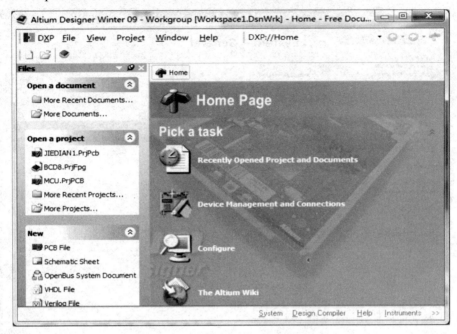

图 4-22　Altium Designer 集成开发工作环境

2. 系统工具栏

系统工具栏只有 4 个按钮，分别用于新建文件、打开文件、打开设备视图与打开 PCB 视图等操作。

3. 系统文件工作区面板

系统文件工作区面板包括打开文件、打开项目文件、新建项目或文件、自己存在的文件新建文件、由模板新建文件等文件操作。如果要显示其他工作面板，也可以执行 "View" → "Workspace Panels" 命令进行选择，其中包括项目、编译、库、信息输出、帮助等。

4. 系统工作区

系统工作区位于 Altium Designer 界面的中间，是用户编辑各种文档的区域。在无编辑对象打开的情况下，工作区将自动显示为系统默认主页，主页内列出了常用的任务命令，单击即可快捷启动相应的工具模块。

5. 系统参数设置

系统参数是通过 DXP 菜单下的 "Preferences" 选项设置的，在 DXP 菜单中执行 "Preferences" 命令，系统将弹出如图 4-23 所示的 "Preferences 对话框。

（1） "General" 选项

用来设置 Altium Designer 的系统参数。其中，"Startup" 设置框用来设置每次启动 Altium Designer 后的动作；"System Font" 用来设置系统的字体；"Localization" 用来设

置是否使用本地化的资源，选中"Localization"设置框，系统菜单改为中文。

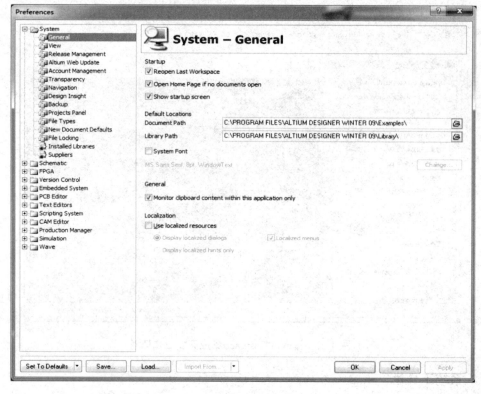

图 4-23 参数对话框

（2）"View"选项

用来设置 Altium Designer 的桌面显示参数。"Desktop"设置框可设置 Altium Designer 运行的桌面显示情况。"Popup Panels"设置框可以设置面板的显示方式。

（3）"Transparency"选项

用来设置 Altium Designer 浮动窗口的透明情况，设置了浮动窗口为透明后，则在进行交互编辑时，浮动窗口将在编辑区之上。

（4）"Projects Panel"选项

用来设置项目面板的操作。用户可以根据自己的设计需要选择项目面板的显示状态和条目。

（5）其他选项

"Preferences"设置还有其他一些选项，如"Backup"选项用来设置文件备份的参数；"File Types"选项用来设置所支持的文件扩展类型；"New Document Defaults"选项用来设置项目文件的类型模板等。

三、原理图设计

电路图是人们为了研究及工程的需要，用约定的符号绘制的一种表示电路结构的图形。电路图分为电路原理图、方框图、装配图和印制电路板图等形式。在整个电子电路设计过程中，电路原理图的设计是最重要的基础性工作。原理图设计是整个电路设计的基础，它决定了后面工作的进展。

（一）原理图设计步骤

一般来说，设计一个原理图的工作包括设置原理图图纸大小、规划原理图的总体布局、在图纸上放置元件、进行走线，然后对各元件以及走线进行调整，最后保存并打印输出。绘制电路原理图有两个原则：首先应该保证整个电路原理图的连线正确，信号流向清晰，便于阅读分析和修改；其次应做到元件的整体布局合理、美观、实用。

原理图的设计过程一般按以下设计流程进行。

1. 启动原理图编辑器

首次启动 Altium Designer 设计系统后，首先进入的是系统的主界面，必须启动原理图编辑器才能开始原理图的设计工作。设计人员可以通过打开或者新建原理图文件来启动原理图编辑器。

2. 设置原理图

设计绘制原理图前，必须根据实际电路的复杂程度来设置图纸的大小。设置图纸的过程实际上是一个建立工作平面的过程，用户可以设置图纸的大小、方向、网格大小以及标题栏等。

3. 放置元件

在原理图中放置元件时，必须将该元件所在的集成元件库装载到当前的原理图编辑器中。然后根据实际电路的需要，从元件库中取出所需要的元件放到原理图编辑器窗口里；再根据元件之间的走线等联系，对元件在工作平面上的位置进行调整、修改，并对元件的编号、封装进行定义和设置等，为下一步工作打好基础。

4. 原理图配线

原理图配线就是利用原理图编辑器提供的各种配线工具或者命令将所有元件的对应引脚用具有电气意义的导线或者网络标号等连接起来，从而构成一个完整的原理图。

5. 原理图的检查及调整

用户利用 Altium Designer 所提供的各种强大功能对所绘制的原理图进行进一步的调整和修改，以保证原理图的美观和正确。这就需要对元件的位置重新调整，对导线的位置进行删除、移动，并更改图形的尺寸、属性及排列等。另外，设计人员还可以利用编辑器提供的绘图工具在原理图中绘制一些不具有电气意义的图形或者文字说明等，以进一步补充和完善所设计的原理图。

6. 生成报表

使用各种报表工具生成包含原理图文件信息的报表文件，这些报表中含有原理图设计的各种信息，它们对后面印制电路板的设计具有重要的作用。其中，最重要的是网络表文件，网络表是电路板和电路原理图之间的重要纽带。

7. 文件存储及打印

原理图绘制完成后，设计人员需要对原理图进行存储和输出打印，以供存档。这个过程实际上是对设计的图形文件进行输出的过程，也是一个设置打印参数和打印输出的过程。

（二）原理图编辑器

在打开一个原理图设计文件或创建一个新原理图文件时，Altium Designer 的原理图编辑器就启动了，Altium Designer 的原理图编辑器是由系统菜单栏、工具栏、编辑窗口、面板标签、状态栏、工作面板等组成，如图 4-24 所示。

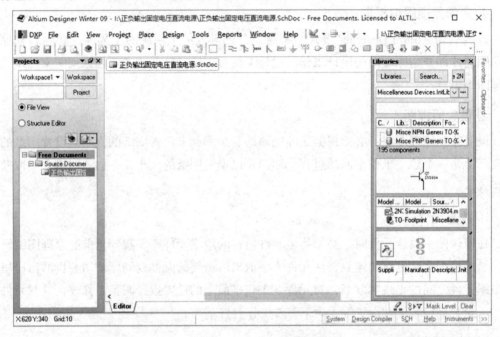

图 4-24　原理图编辑器

1. 菜单栏

原理图菜单栏包括 File（文件）、Edit（编辑）、View（视图）、Project（项目）、Place（放置）、Design（设计）、Tools（工具）、Reports（报告）、Window（窗口）和 Help（帮助）项目，其主要功能是进行各种命令操作，设置视图的显示方式、放置对象，设置各种参数以及打开帮助文件等。

（1）"File" 菜单项。主要用于文件的管理工作，如文件的新建、打开、保存、导入、打印以及显示最近访问的文件信息等。

（2）"View" 菜单项。主要用于对图纸的缩放和显示比例的调整，以及对工具栏、工作面板、状态栏和命令行等进行管理操作。

（3）"Project" 菜单项。主要用于设计项目的编译、建立、显示、添加、分析以及版本控制等。

（4）"Place"菜单项。主要用于放置原理图中的各种对象。

（5）"Design"菜单项。主要用于对原理图中库的操作、各种网络表的生成以及层次原理图的绘制等。

（6）"Tools"菜单项。主要用于完成元件的查找、层次原理图中子图和母图之间的切换、原理图自动更新、原理图中元器件的标注等操作。

（7）"Reports"菜单项。主要用来生成原理图文件的各种报表。

（8）"Window"菜单项。主要用来对窗口进行管理。

在设计过程中，对原理图的各种编辑操作都可以通过菜单中相应的命令来完成。

2. 工具栏

原理图编辑器窗口打开之后，系统在默认状态下会打开一定数量的工具栏。Altium Designer 的工具栏有原理图标准（Schematic Standard）工具栏、走线（Wiring）工具栏、混合信号仿真（Mixed Sim）工具栏、实用（Utilities）工具栏、导航（Navigation）工具栏等，充分利用这些工具能极大地方便原理图的绘制。

执行菜单命令"View"→"Toolbars"，再分别选择其中的子菜单项便可以打开这些系统工具栏，或者在原理图编辑器主界面上的某一个工具栏上右击，然后在弹出的右键菜单中勾选工具栏的复选框也可以显示或隐藏这些工具栏。

（1）原理图标准（Schematic Standard）工具栏

该工具栏如图4-25所示，主要提供新建、保存文件，视图调整，器件编辑和选择等功能。

图 4-25　原理图标准工具栏

（2）走线（Wiring）工具栏

该工具栏提供了电气配线时常用的工具，包括放置导线、总线、网络标号、层次式原理图设计工具，如图4-26（a）所示。

（3）混合信号仿真（Mixed Sim）工具栏

该工具栏如图4-26（b）所示。

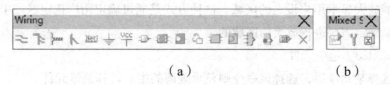

（a）　　　　　　　　　　　　　　（b）

图 4-26　走线工具栏与混合信号仿真工具栏

（a）走线工具栏；（b）混合信号仿真工具栏

（4）实用（Utilities）工具栏

用户使用该工具栏可以方便地放置常见的电气元件、电源和地网络以及一些非电气图形，并可以对器件进行排列等操作，如图4-27（a）所示。

（5）导航（Navigation）工具栏

该工具栏列出了当前活动文档的路径，如图 4-27（b）所示。

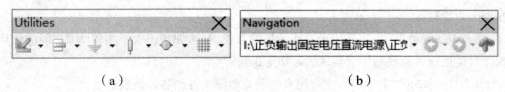

（a）　　　　　　　　　　　　　　（b）

图 4-27　实用工具栏与导航工具栏

（a）实用工具栏；（b）导航工具栏

3. 编辑窗口

编辑窗口就是进行电路原理图设计的工作平台。在此窗口内，用户可以新画一个原理图，也可以对现有的原理图进行编辑和修改。

4. 面板标签

面板标签用来开启或关闭原理图编辑环境中的各种常用的工作面板，如 Libraries（元件库）面板、Filter（过滤器）面板、Inspector（检查器）面板、List（列表）面板以及图纸框等。

5. 状态栏

状态栏用来显示当前光标的坐标和编辑器窗口栅格的大小。

6. 窗口缩放

电路设计人员在绘图的过程中，需要经常查看整张原理图或只查看某一个局部，所以要经常改变显示状态，使绘图区放大或缩小，所有窗口的命令均位于 View 菜单中。

（1）Fit Document（适合整个文档）

该命令能把整张电路图文档缩放在编辑器窗口中。

（2）Fit All Objects（适合全部实体）

该命令能把整个电路图部分缩放在编辑器窗口中，且不含图纸边框及空白部分。

（3）Area（区域）

该命令能放大显示用户设定的区域。这种方式是通过确定用广选定区域中对角线上两个角的位置来确定需要进行放大的区域的。

（4）Selected（选中元件）

用鼠标选择某元件后，选择该命令则显示画面的中心转移到该元件。

（5）Around Point（以光标为中心）

该命令要先用鼠标选择一个区域，按鼠标左键定义中心，再移动鼠标展开此范围，并单击目标完成定义，将该范围放大至整个窗口。

（6）Zoom In / Zoom Out（放大 / 缩小显示区域）

可以在主工具栏上选择放大 "Zoom In" 和缩小 "Zoom Out" 按钮。

（7）Pan（移动显示位置）

在设计电路时经常要查看各处的电路，所以有时需要移动显示位置，这时可执行此命令。

（8）Refresh（更新画面）

该命令用来更新画面。

（三）原理图设置

1. 原理图纸设置

执行菜单命令"Design"→"Document Options..."，打开"Document Options"（图纸属性）设置对话框，如图4-28所示。

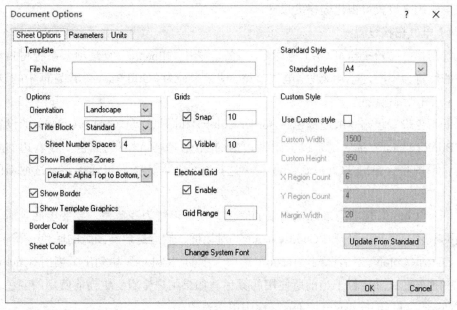

图4-28　图纸属性设置对话框

（1）图纸规格设置

图纸规格设置有"Standard Style"（标准格式）和"Custom Style"（自定义格式）两种方式。

在没有选择自定义格式的前提下，单击标准格式（Standard Style）分组框的下拉按钮，可根据需要选定图纸大小。"Custom Style"用于自定义图纸尺寸。

（2）图纸选项设置

"Options"（图纸选项设置）分组框可以设置图纸的方向、颜色、标题栏和边框的显示等。

"Orientation"下拉列表框可以设置图纸的方向，其中"Landscape"表示图纸为水平放置，"Portrait"表示图纸为垂直放置。

"Title Block"（图纸标题栏设置）有"Standard"（标准模式）和"ANSI"（美国国家标准协会模式）两种方式。此外，"Show Template Graphics"（显示模板图形）复选框用于设置是否显示模板图形的标题栏。

"Show Reference Zones/Show Border"（图纸边框设置）有两项设置"Show Reference Zones"（显示参考边）和"Show Border"（显示图纸边界），选中有效。

"Border Color"（图纸颜色设置）包括"Border Color"（边框颜色）和"Sheet Color"（图纸颜色）两项，两者设置方法相同。

（3）图纸栅格设置

合理设置原理图的栅格，可以有效提高原理图的绘制质量。图纸栅格设置在"Grids"（栅格）分组框内进行，包括"Snap"（移动）栅格和"Visible"（可视）栅格。"Snap"栅格选中有效，光标以"Snap"栅格后的设置项为单位移动对象，便于对象的对齐定位。若未选中该项，光标的移动将是连续的。Visible 栅格选中有效，工作区将显示栅格，其右侧的编辑框用来设置可视化栅格的尺寸。

（4）电气栅格设置

电气栅格在"Electrical Grid"区域中设置。选中"Enable"复选项，系统将自动以光标所在的位置为中心，向四周搜索电气节点，搜索半径为"Grid Range"设置框中的设定值。

（5）图纸颜色设置

图纸颜色设置包括图纸边框色（Border Color）和图纸底色（Sheet Color）的设置。

"Border Color"选项用来设置图纸边框的颜色，默认设置为黑色。在右边的颜色框中单击，系统将会弹出"Choose Color"（选择颜色）对话框，可通过它来选取新的边框颜色。

"Sheet Color"选项用来设置图纸的底色，默认设置为浅黄色。要变更底色时，在该栏右边的颜色框上双击打开"Choose Color"对话框，然后选取新图纸的底色。

"Choose Color"对话框的"Basic"选项卡中的"Colors"栏列出了当前 Schematic 可用的 239 种颜色，并定位于当前所使用的颜色。如果用户希望变更当前使用的颜色，可直接在"Colors"栏或"Custom Colors"栏中单击选取。

（6）系统字体设置

在 Altium Designer 中，图纸上常常需要插入很多汉字或英文，系统可以为这些插入的文本设置字体。如果在插入文字时，不单独修改字体，则默认使用系统的字体。系统字体的设置可以使用字体设置模块来实现。单击"Change System Font"按钮，系统将弹出字体设置对话框，此时就可以设置系统的默认字体。

2. 原理图环境设置

执行菜单命令"Tools"→"Schematic Preferences"，打开"Preferences"（参数）对话框，如图 4-29 所示。"Preferences"对话框中"Schematic"选项中共有 12 个选项卡，可以分别设置原理图的环境、图形编辑环境以及默认基本单元等。其具体包括"General"（常规设置）、"Graphical Editing"（图形编辑）、"Mouse Wheel Configuration"（鼠标滚轮配置）、"Compiler"（编译器）、"Auto Focus"（自动聚焦）、"Library Auto Zoom"（库自动缩放）、"Break Wire"（切割连线）、"Default Units"（默认单位）、"Default

Primitives"（默认初始值）、"Orcad（tm）"（Orcad 选项）和"Device Sheets"（设备片）等。

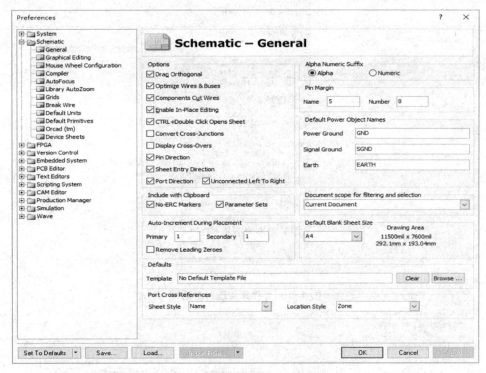

图 4-29　参数对话框（原理图环境）

（四）原理图元件库的加载

在向原理图中放置元件之前，必须先将该元件所在的元件库载入系统。

1. 打开元件库管理器

在原理图设计环境中，执行菜单命令"Design"→"Browse Library"，或者单击编辑器右下方的面板标签"System"，选中库文件"Libraries"，弹出"Libraries"（元件库管理器）对话框，如图 4-30 所示。元件库管理器面板中包含元件库栏、元件查找栏、元件名栏、当前元件符号栏、当前元件封装等参数栏和元件封装图形栏等内容，用户可以在其中查看相应的信息，以判断元件是否符合要求。

2. 加载或卸载元件库

Altium Designer 虽然已预装加载了分立元器件库（Miscellaneous Devices.Intlib）和常用接插件库（Miscellaneous Connectors.lntlib），但很多元器件都不在这两个元件库中。在绘制原理图时用到的元器件若不在这两个常用元件库中，这时就必须把该元器件所在的元件库加载进来。例如，加载"Motorola"元件库，可单击图 4-30 所示的"Libraries"按钮或者执行菜单命令"Design"→"Add/Remove Library..."，进入图 4-31 所示的"Available Libraries"（加载或卸载元件库）对话框。Altium Designer 已经将各大半导体公司的常用元件分类做成了专用的元件库，只要装载所需元件的生产公司的元件库，就可以从中选择自己所需要的元件。

图 4-30　元件库管理器对话框

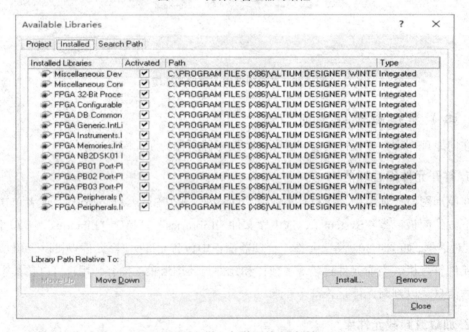

图 4-31　加载／卸载元件库对话框

3. 搜索元件

元件库管理器为用户提供了查找元件的工具。即在元件库管理器对话框中单击"Search"按钮，系统将弹出如图 4-32 所示的"Libraries Search"（查找元件库）对话框；如果执行菜单命令"Tools"→"Find Component"也可以弹出该对话框，在该对话框中，可以设定查找对象以及查找范围。图 4-32 所示为简单查找的对话框，如果要进行高级查找，可单击对话框中的"Advanced"命令，然后会显示出高级查找对话框。

（1）"Filters"选项组

在该选项组中可以输入查找元件的域属性，如"Name"等；然后选择操作算子，如"Equals"（等于）、"Contains"（包含）、"Starts With"（起始）或者"Ends With"（结束）等；在"Vlaue"编辑框中可以输入或选择要查找的属性值。

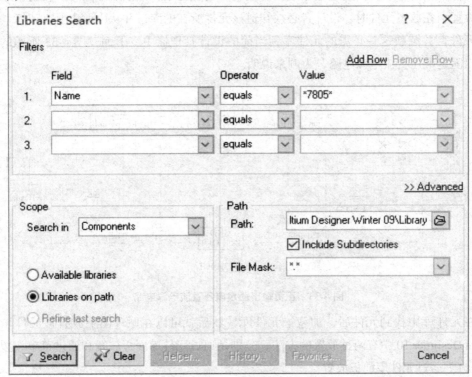

图 4-32　查找元件库对话框

（2）"Scope"选项组

该选项组用来设置查找的范围。当选中"Available libraries"单选按钮时，则在已经装载的元件库中查找；当选中"Libraries on path"单选按钮时，则在指定的目录中进行查找。

（3）"Search in"下拉列表

可以选择查找对象的模型类别，如元件库、封装库或 3D 模型库。

（4）"Path"选项组

该选项组用来设定查找对象的路径，该选项组的设置只有在选中"Libraries on path"时才有效。

（5）"File Mask"下拉列表

可以设定查找对象的文件匹配域，"*"表示可匹配任何字符串。

设置好了要查找的内容和范围后，单击"Search"按钮，系统就会开始进行查找。如果查找到符合该属性设置的元件，则系统会自动关闭"查找元件库"对话框，并将查找到的元件显示在元件库管理器中。在上面的信息框中显示该元件名，例如，用"*7805*"方式查询包含字符"7805"的元件，并显示其所在的元件库名，在中间的信息框中显示该元件的引脚类型，在最下面显示元件的图形符号形状和引脚封装形状。

（五）元件的放置与编辑

1. 元件的放置

各种常用的电子元件是电路原理图的最基本组成元素，绘制原理图时，首先要进行元件的放置。在放置元件时，设计者必须知道该元件所在的库，并从中取出元件或者制作原理图元件，并装载这些必需的元件库到当前的设计管理器中。下面以图 4-33 所示的"正负输出固定电压直流电源电路"为例来说明。

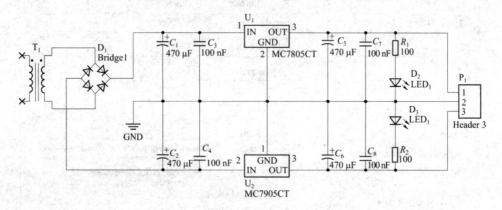

图 4-33　正负输出固定电压直流电源电路

在元件库中找到元件后，加载该元件库，然后就可以在原理图上放置该元件了。在 Altium Designer 10 中有两种放置的方法，分别是通过元件库面板放置和通过菜单放置。

（1）通过元件库面板放置

在元件库面板（见图 4-30）的元件列表框中双击元件名或在选中元件时单击"Place"按钮，元件库面板变为透明状态，同时元件的符号附着在光标上，并跟随光标移动；将元件移动到图纸的适当位置，并单击将元件放置到该位置；此时系统仍处于元件放置状态，再次单击又会放置一个相同的元件；右击或按"Esc"键即可退出元件放置状态。

（2）通过菜单放置

单击菜单命令"Place"→"Part..."，系统弹出"Place Part"（放置元件）对话框，如图 4-34 所示。在该对话框中，可以设置放置元件的有关属性。放置这些元件的操作与前面所介绍的元件放置操作类似，只要选中某元件，就可以使用鼠标进行放置操作。

单击图 4-34 中的"浏览"按钮，系统将弹出图 4-35 所示的"Browse Libraries"（浏览元件库）对话框。在该对话框中，用户可以选择需要放置元件的库。此时也可以在图 4-20 所示的对话框中单击"加载元件库"按钮，系统会弹出图 4-31 所示的加载／卸载元件库对话框。

图 4-34　放置元件对话框

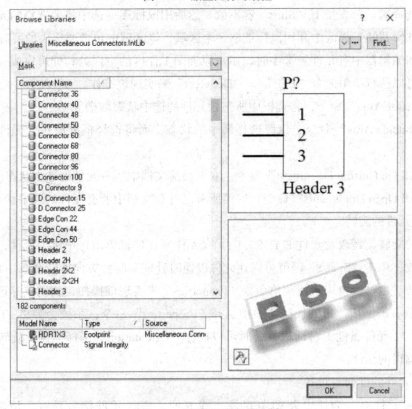

图 4-35　浏览元件库对话框

2. 元件位置的调整

元件位置的调整实际上就是利用各种命令将元件移动到工作平面上所需要的位置，并将元件旋转为所需要方向的过程。在实际设计原理图的过程中，为了使原理图美观合理，往往要对最初放置的元器件的位置、方向等进行调整，如图 4-36 所示。原理图工作环境中元件的编辑操作包括元件的选择和取消、旋转和翻转、排列和对齐、移动和拖动以及复制、剪切和粘贴等操作。

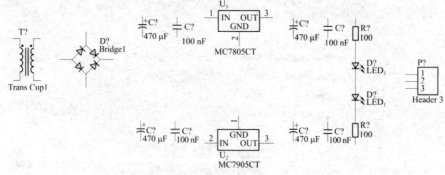

图 4-36　放置了元件的图纸

（1）元件的选择与取消

在选择单个元件时只需要将鼠标移动到需要选取的元件上，然后单击即可。如果元件处于选中的状态，则元件周围有绿色或蓝色的小方框，从而可以判断该元件是否被选中。多个元件选择时，首先按下"Shift"键不放，然后用鼠标逐一选中将要选择的元件，或者在原理图编辑器的工作区中利用鼠标选取一个区域，该区域中包含要选中的所有元件。

原理图编辑器中有元件被选中时，单击原理图工作区的空白处，即可完成元件的取消工作，也可以执行菜单命令"Edit"→"DeSelect"来实现该操作。

① "Inside Area"命令，将选框中所包含元件的选中状态取消。

② "Outside Area"命令，保留选择框中的状态，而将选择框外所包含元件的选中状态取消。

③ "All On Current Document"命令，取消当前文档中所有元件的选中状态。

④ "All Open Documents"命令，取消所有已打开文档中所有元件的选中状态。

（2）元件的旋转

元件的旋转就是改变元件的放置方向。在元件所在位置单击选中单个元件，并按住鼠标左键不放，单击"Space"键就可以让元件以逆时针或顺时针方向旋转90°，即实现图形元件的旋转。也可以使用快捷菜单命令"Properties"来实现该操作，使用鼠标选中需要旋转的元件后右击，从弹出的快捷菜单中选择"Properties"命令，系统会弹出"Component Properties"（元件属性）对话框，此时可以操作"Orientation"选择框设定旋转角度，以旋转当前编辑的元件。

（3）元件的排列与对齐

在布置元件时，为使电路图美观及连线方便，应将元件摆放整齐、清晰。Altium Designer 提供了一系列排列和对齐命令。选取元件，执行菜单命令"Edit"→"Align"，或在"Utilities"工具栏的"Align"命令中选择相应命令即可执行元件的排列与对齐。

① "Align Left"命令，将所选取的元件左边对齐。

② "Align Right"命令，将所选取的元件右边对齐。

③ "Center Horizontal"命令，将选取的元件按水平中心线对齐。

④ "Distribute Horizontally"命令，将所选取的元件水平平铺。

⑤ "Align Top"命令，将所选取的元件顶端对齐。

⑥ "Align Bottom" 命令，将所选取的元件底端对齐。

⑦ "Center Vertical" 命令，将所选取的元件按垂直中心线对齐。

⑧ "Distribute Vertically" 命令，将所选取的元件垂直均布。

（4）元件的移动与拖动

移动元件是指在改变元件位置时，无法保持该元件与其他电气对象的电气连接状态。单击选中需要移动的元件，然后一直按住鼠标左键，拖拽该元件到指定的位置，拖拽过程中，元件与导线断开。

拖动元件是指在改变元件位置时，始终保持该元件与其他电气对象的电气连接状态，按住 "Ctrl" 键，再单击选中需要拖动的元件，拖拽该元件到指定的位置，拖拽过程中，元件始终与导线保持连接。

（5）元件的复制

在元件处于选中状态下，单击标准工具栏中的复制按钮，或者执行菜单命令 "Edit" → "Copy" 即可完成元件的复制，也可以直接使用快捷键 "Ctrl" + "C" 进行复制。

（6）元件的剪切

在元件处于选中的状态下，单击标准工具栏中的剪切图标，或者执行菜单命令 "Edit" → "Cut" 即可完成元件的剪切，也可以直接使用快捷键 "Ctrl" + "X" 完成剪切。

（7）元件的粘贴

对已经复制或剪切的元件，单击标准工具栏中的粘贴图标，或者执行菜单命令 "Edit" → "Paste"，即可完成元件的粘贴，最常用的方法是直接使用快捷键 "Ctrl" + "V" 来完成此操作。

3. 元件属性的设置

Schematic 中所有的元件对象都具有自身的特定属性，在设计绘制原理图时常常需要设置元件的属性。对放置在图纸上的元件执行菜单命令 "Edit" → "Change"，打开 "Component Properties"（元件属性）对话框，然后进行编辑，如图 4-37 所示；或者在将元件放置在图纸上之前，按下 "Tab" 键，即可打开 "Component Properties"（元件属性）对话框进行编辑。

（1）"Properties"（属性）选项组

① Designator，用于设置元件在原理图中的流水序号。

② Comment，用于设置元件的注释。

③ Description，用于元件属性的描述。

④ UniqueId，用于设置元件在设计文档中的 ID（具有唯一性）。

⑤ Type，用于选择元件类型。其中，"Standard" 表示标准电气属性；"Mechanical" 表示元件没有电气属性，但出现在 BOM 表中；"Graphical" 表示元件不用于电气错误检查；"TieNet in BOM" 表示元件短接了两个或多个网络，且出现在 BOM 表中；"TieNet" 表示元件短接了两个或多个网络，且不出现在 BOM 表中；"Standard（NoBOM）" 表示该元件具有标准电气属性，但不出现在 BOM 表中。

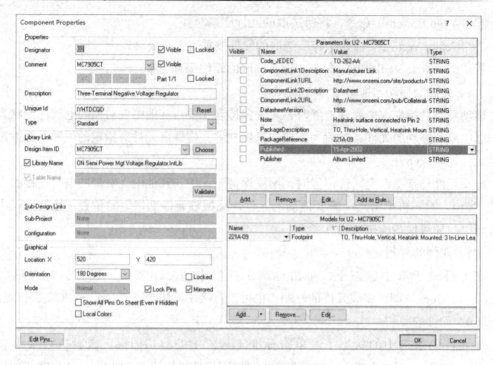

图 4-37　元件属性对话框

（2）"Library Link"选项组

① "Design Item ID"选项，用来选择元件库中的元件名称。

② "Library Name"复选框，用来选择元件库名称。

（3）"Sub-Design Links"选项组

该选项可以输入一个连接到当前原理图文件的子设计项目。

（4）"Graphical"选项组

该选项显示了当前元件的位置、旋转角度、填充颜色、线条颜色、引脚颜色等。

① Location X、Y，用于修改 X、Y 位置的坐标，移动元件位置。

② Orientation，用于设定元件的旋转角度，以旋转当前编辑的元件。

③ Show All Pins On Sheet（Even if Hidden），用于选择是否显示隐藏引脚。

④ Mode，用于选择元件的替代视图。

⑤ Local Colors，用于显示颜色修改，即进行填充颜色、线条颜色、引脚颜色的设置操作。

⑥ Lock Pins，用于锁定元件引脚，锁定后引脚无法单独移动。

（5）"Parameters"选项组

该选项组为元件参数项，如果选中了参数左侧的复选框，则会在图形上显示该参数的值。也可以单击"Add... "按钮添加参数属性，或者单击"Remove..."按钮移去参数属性；或者选中某项属性后，再单击"Edit... "按钮则可以对该属性进行编辑。

（6）"Models"选项组

该选项组为模型列表项，包含了封装类型、三维模块和仿真模型。

4. 元件封装属性的设置

在绘制原理图时，每个元件都应该具有封装模型。当绘制原理图时，对于不具有这些模型属性的元件，可以直接向元件添加这些属性。

在"Models"编辑框中，单击"Add…"按钮，系统会弹出选择模式对话框。在该对话框的下拉列表中，选择"Footprint"模式，此时系统将弹出"PCB Model"对话框，在该对话框中可以设置 PCB 封装的属性。在"Name"编辑框中可以输入封装名，在"Description"编辑框中可以输入封装的描述。

单击"Browse"按钮可以选择封装类型，系统会弹出选择封装类型对话框，此时可以选择封装类型，然后单击"OK"按钮即可。如果当前没有装载需要的元件封装库，则可以单击对话框中的按钮 ⋯ 装载一个元件库，或单击"Find"按钮进行查找。

5. 元件仿真属性的设置

如果要进行电路信号仿真，那么还需要具有仿真模型。当生成 PCB 图时，如果要进行信号的完整性分析，则应该具有信号完整性模型的定义。

在"Models"编辑框中，单击"Add…"按钮，系统会弹出选择模式对话框，在该对话框的下拉列表中，选择"Simulation"模式，单击"OK"按钮，系统将弹出"Sim Model"对话框，在该对话框中可以设置仿真模型的属性。

6. 元件参数属性的设置

如果在元件的某一参数上双击鼠标左键，则会打开一个针对该参数属性的对话框。如在图 4-21 中双击"R?"，由于它是 Designator 流水序号属性，所以会出现对应的"Parameter Properties"（参数属性）对话框，如图 4-38 所示。可以通过此对话框设置其流水序号名称（"Name"框）；参数值、参数值的可见性以及是否锁定；X 轴和 Y 轴的坐标（"Location X"及"Location Y"编辑框）、旋转角度（"Orientation"选择框）、组件的颜色（"Color"框）、组件的字体（"Font"框）等更为细致的控制特性。

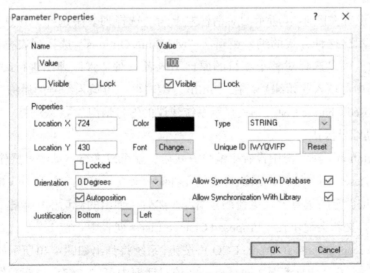

图 4-38　参数属性对话框

7. 元件的编号

元件放置排列完毕后需要对其进行编号，或在绘制完原理图后需要将原理图中的元件进行重新编号，即设置元件流水号。这可以通过执行 "Tools" → "Annotate Schematic" 命令来实现，这项工作由系统自动进行。执行此命令后，会出现图 4-39 所示的 "Annotate"（标注）对话框，在该对话框中可以设置编号的方式。

（1）设置标注方式

① "Schematic Annotate Configure" 操作栏的各操作项用来设定编号的作用范围和方式。如果项目中包含多个原理图文件，则会在对话框中将这些原理图文件列出。

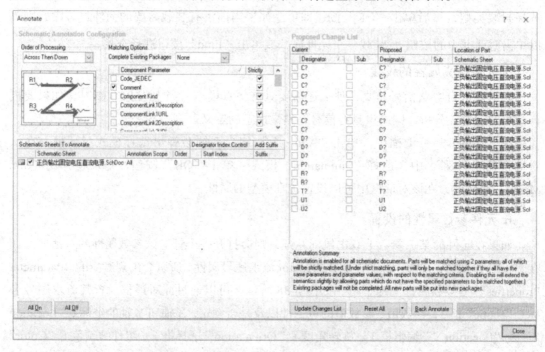

图 4-39 "标注" 对话框

编号方式设置在图 4-24 所示的对话框左上角的选择列表中选择，每选中一种方式，均会在其中显示出这种方式的编号逻辑。"Matching Options" 选择列表主要用来选择编号的匹配参数，可以选择对整个项目的原理图或者只对某张原理图进行编号。在 "Start Index" 编辑框中可填入起始编号，在 "Suffix" 编辑框中可填入编号的后缀。

② "Proposed Change List" 列表显示系统建议的编号情况。

（2）自动编号操作

在 "Annotation" 对话框中设置了编号方式后，就可以进行自动编号操作。

①单击 "Reset All" 按钮，系统将会使元件编号复位；单击 "Update Change List" 按钮，系统将会按设定的编号方式更新编号情况，然后在弹出的对话框中单击 "OK" 按钮，确定编号，而且更新会显示在 "Proposed Change List" 列表中。

②单击 "Accept Changes(Create ECO)" 按钮，系统将弹出如图 4-40 所示的 "Engineering Change Order"（编号变化情况）对话框，在该对话框中可以使编号更新操作有效。

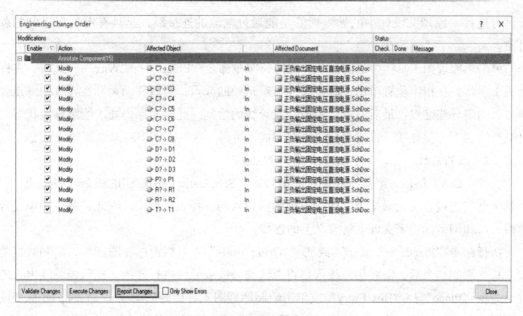

图 4-40　编号变化情况对话框

③单击图 4-40 所示对话框中的 "Validate Changes" 按钮，可使变化操作有效，此时图形中元件的序号还没有显示出变化。

④单击 "Execute Changes" 按钮，可真正执行编号的变化操作，此时图纸上的元件序号才会真正发生改变。单击 "Report Changes" 按钮，可查看元件的编号情况。

⑤单击 "Close" 按钮完成流水号的改变。对图 4-36 所示的原理图进行自动编号后如图 4-41 所示。

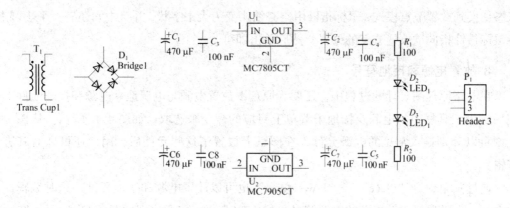

图 4-41　自动编号后的原理图

（六）原理图的绘制

1. 绘制导线和总线

（1）放置导线

导线是原理图设计中最基本的电气对象，电路原理图中的绝大多数电气对象需要用导线进行连接。原理图设计中的导线指的是能通过电流的连接线，是具有电气意义的物理对象。

单击画原理图工具栏中的图标 ，或执行菜单命令"Place"→"Wire"，此时，光标变成十字状，在指定位置单击，确定导线在窗口中的起点；然后移动光标在导线的终点处单击，确定导线终点；最后右击，完成一段导线的绘制。此时光标仍处于绘制导线状态，可继续绘制下一段导线。若绘制导线工作完成，可再一次右击，即退出绘制导线状态。

（2）放置总线

总线（Bus）是指一组具有相关性的信号线，Schematic 使用较粗的线条代表总线，它不具备电气连接意义，只是为了简化原理图而引入的一种表达形式，因此，总线必须配合总线入口和网络标签来实现电气意义上的连接。

执行命令"Place"→"Bus"或从"Wiring Tools"工具栏上选择图标 ，绘制数据总线。总线绘制结束后，需要用总线入口将总线与导线或元件进行连接。执行画总线出入的端口命令"Place"→"Bus Entry"或单击绘制原理图工具栏内的图标 ，此时，光标变成十字状，并且上面有一段 45° 或 135° 的线，表示系统处于画总线出入端口状态。总线入口是总线与导线或元件的连接线，它表示一根总线分开成一系列导线或者将一系列导线汇合成一根总线。

2. 放置节点

在绘制原理图时，编辑器会自动在连线上加上节点（Junction），有时候需要手动添加，例如，默认情况下，十字交叉的连线是不会自动加上节点的。若要自行放置节点，可执行菜单命令"Place"→"Manual Junction"或单击电路绘制工具栏上的按钮 ，此时，编辑状态切换到放置节点模式，鼠标指针由空心箭头变为大十字状，并且中间还有一个小圆点。将鼠标指针指向欲放置节点的位置，然后单击即可。

3. 放置电源和接地符号

在电路原理图设计的过程中，还要为原理图放置电源与电源地。电源和接地元件可以使用实用工具栏中的电源及接地子菜单上对应的命令来选取，如图 4-42 所示。从该工具栏中可以分别输入常见的电源元件，在图纸上放置了这些元件后，用户还可以对其进行编辑。

通过菜单命令"Place"→"Power Port"也可以放置电源和接地元件，这时编辑窗口中会有一个随鼠标指针移动的电源符号，按"Tab"键，将会出现如图 4-43 所示的"Power Port"（电源端子）对话框，或者在放置了电源元件的图形上，双击电源元件或使用快捷菜单的"Properties"命令，也可以弹出"Power Port"对话框。

在对话框中可以编辑电源属性，在"Net"编辑框中可修改电源符号的网络名称；当前符号的放置角度为"270Degrees"（就是 270°），这可以在"Orientation"（方位）编辑框中修改；在"Location"编辑框中可以设置电源的精确位置；在"Style"栏中可选择电源类型，电源与接地符号在"Style"下拉列表框中有多种类型可供选择。

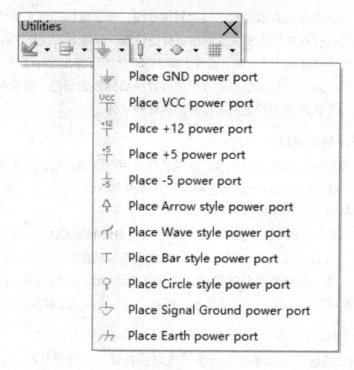

图 4-42　电源及接地子菜单

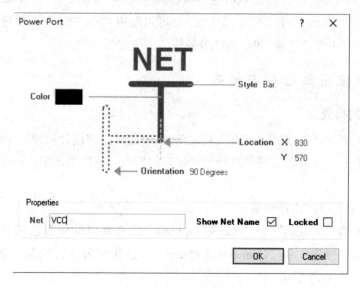

图 4-43　电源端子对话框

4. 放置网络标号

在电路原理图中，通常使用网络标签来简化电路。网络标签用来描述两条导线或者导线与元件引脚之间的电气连接关系，具有相同网络标签的导线或元件引脚等同于用一根导线直接连接，因此，网络标签具有实际的电气意义。

执行放置网络名称的命令"Place"→"Net Label"，或者使用鼠标单击绘制原理图工具栏中的图标 Net；执行放置网络名称命令后，将光标移到放置网络名称的导线或总线上，光标上会产生一个小圆点，表示光标已捕捉到该导线，单击鼠标即可正确放置一个网络名称；然后，可将光标移到其他需要放置网络名称的位置，继续放置网络名称。

在网络标签处于悬浮状态下，按下键盘上的"Tab"键即可弹出"Net Label"属性对话框。在对话框中包括两个部分，对话框的上方用来设置网络标签的颜色、坐标和方向，对话框的下方"Properties"区域用来设置网络标签的名称和字体。

5. 放置输入/输出端口

对于电路原理图中任意两个电气节点来说，除了用导线和网络标签来连接外，还可以使用输入/输出端口（I/O端口）来描述两个电气节点之间的连接关系。相同名称的输入/输出端口，在电气意义上是连接的。

执行输入/输出端口命令"Place"→"Port"或单击绘制原理图工具栏里的图标➡后，光标变成十字状，并且在其上面出现一个输入/输出端口的图标；在合适的位置，光标上会出现一个圆点，表示此处有电气连接点，单击即可定位输入/输出端口的一端，移动鼠标使输入/输出端口的大小合适，再次单击，即可完成一个输入/输出端口的放置。

6. 放置 No ERC

放置 No ERC 的目的是在系统进行电气规则检查时，忽略对某些节点的检查，以避免在报告中出现错误或警告的提示信息。执行菜单命令"Place"→"directives"→"No ERC"，或单击"Wiring"工具栏里的按钮×，即可完成"No ERC"的放置。可以在"No ERC"属性对话框中设置忽略 ERC 测试点的颜色、位置等参数。

（七）原理图的检查与报表

1. 原理图的检查

原理图在生成网络表或更新 PCB 文件之前，需要测试用户设计的原理图的连接正确性，这可以通过检验电气连接来实现。进行电气连接的检查，可以找出原理图中的一些电气连接方面的错误。

（1）设置电气连接检查规则

执行菜单命令"Project"→"Project Options"，在弹出的项目选项对话框的"Error Reporting"（错误报告）和"Connection Matrix"（连接矩阵）选项卡中设置检查规则，分别如图 4-44、图 4-45 所示。

其中，"Error Reporting"（错误报告）选项卡用于设置设计草图检查；"Connection Matrix"（连接矩阵）选项卡显示错误类型的严格性。

（2）检查结果报告

当设置了需要检查的电气连接以及检查规则后，就可以对原理图进行检查。Altium Designer 原理图检查是通过编译项目来实现的，编译的过程中会对原理图进行电气连接和规则检查。

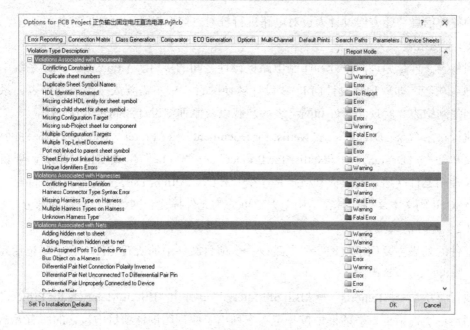

图 4-44 错误报告选项卡

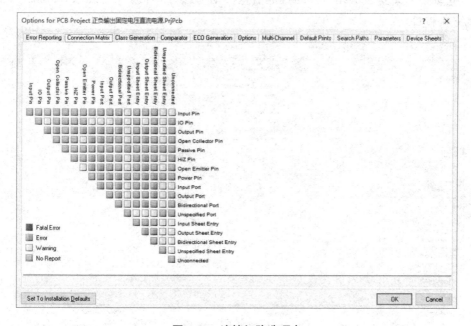

图 4-45 连接矩阵选项卡

打开需要编译的项目，然后执行菜单命令"Project"→"Compile PCB Project"。当项目被编译时，任何已经启动的错误均将显示在设计窗口下部的"Messages"面板中。如果电路绘制正确，"Messages"面板应该是空白的。如果报告中给出错误，则需要检查电路并确认所有的导线和连接是否正确。

2. 原理图的报表

Altium Designer 提供了生成各种电路原理图报表的功能，这些原理图报表中存放了原理图的各种信息，能方便设计人员对电路进行校对、修改以及元器件的准备等工作。

（1）网络表

网络表文件是原理图设计和印制电路板设计之间的接口。Altium Designer 系统中提供双向同步功能，即原理图设计向 PCB 设计转换的过程中不需要人工生成网络表，系统会自动创建网络表并实现元器件和网络表的装载以及原理图设计的同步更新。

执行菜单命令"Design"→"Netlist for Document"→"Protel"生成原理图文件网络表，执行菜单命令"Design"→"Netlist for Project"→"Protel"生成项目网络表，项目网络表和原理图文件网络表的组成和格式是完全一样的。Altium Designer 网络表文件是一个简单的 ASC Ⅱ 码文本文件，其在结构上大致可分为元件描述和网络连接描述两部分。

（2）元件清单报表

元件的列表主要用于整理一个电路或一个项目文件中的所有元件。它主要包括元件的名称、标注、封装等内容。

执行菜单命令"Reports"→"Bill of Material"，弹出"Bill of Materials for Project"（项目材料清单）对话框，对话框中按一定次序列出了原理图设计项目中包含的所有元器件，如图 4-46 所示。如要显示元器件的其他信息，则勾选对话框左边"All Columns"区域中相应的复选框即可。

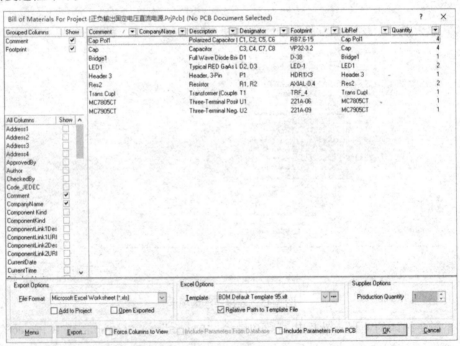

图 4-46　项目材料清单对话框

3. 原理图的打印输出

原理图绘制结束后，往往需要通过打印机输出，以供设计人员参考、备档。用打印机打印输出原理图时，首先要对页面进行设置，然后设置打印机，包括打印机的类型、纸张大小、原理图纸等内容。

（1）页面设置

执行菜单命令"File"→"Page Setup"，系统将弹出如图 4-47 所示的"Schematic Print Properties"（原理图打印属性）对话框。在这个对话框中需要设置打印机类型、选择目标图形文件类型、设置颜色等。

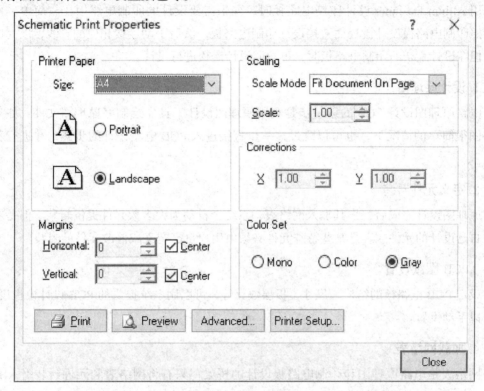

图 4-47　原理图打印属性对话框

①"Size"选项，用来选择打印纸的大小，并设置打印纸的方向，包括"Portrait"（纵向）和"Landscape"（横向）两种。

②"Scale Mode"选项，用来设置缩放比例模式，可以选择"Fit Document On Page"（文档适应整个页面）和"Scaled Print"（按比例打印）。

③"Margins"选项组，用来设置页边距，分别可以设置水平和垂直方向的页边距，如果选中"Center"复选框，则不能设置页边距，默认采用中心模式。

④"Color Set"选项组，用于输出颜色的设置，可以分别输出"Mono"（单色）、"Color"（彩色）和"Gray"（灰色）三种。

（2）打印预览

如果单击图 4-47 所示对话框中的"Preview"按钮，则可以对打印的图形进行预览。

四、PCB 设计基础

印制电路板（PCB）是重要的电子部件，是电子元件的支撑体，是电子元器件线路连接的提供者，是整个工程设计的最终目的。电路原理图设计得再完美，如果印制电路板设计得不合理，其性能也将大打折扣，甚至不能正常工作。制板厂家要参照用户设计的 PCB 图来进行印制电路板的生产。

（一）PCB 设计流程

用 Altium Designer 设计印制电路板时，如果需要设计的印制电路板比较简单，可以不参照印制电路板设计流程而直接设计印制电路板，然后手动连接相应的导线，以完成设计。但在设计复杂的印制电路板时，可按照设计流程进行设计。

1. 设计原理图

电路原理图设计 PCB 的第一步是利用原理图设计工具先绘制好原理图文件。如果在电路图很简单的情况下，也可以跳过这一步直接进入 PCB 电路设计的步骤，并进行手工配线。

2. 定义元件封装

原理图设计完成后，将其加入网络表，系统会自动为大多数元件提供封装。但是对于用户自己设计的元件或者是某些特殊元件必须由用户自己定义或修改元件的封装。

3.PCB 图纸设置

设定 PCB 电路板的结构、尺寸、板层数目等，可以用系统提供的 PCB 设计模板设置，也可以手动设置。

4. 加载网络表

网络表是电路原理图和印制电路板设计的桥梁，只有将网络表和元件封装引入 PCB 系统后，才能进行印制电路板的自动配线。元件的封装就是元件的外形，对于每个装入的元件必须有相应的外形进行封装。加载后，系统将产生一个内部的网络表，形成飞线。

5. 元件布局

元件布局是由电路原理图根据网络表转换成的 PCB 图，规划好印制电路板并装入网络表后，用户可以让程序自动装入元件，并自动将元件布置在印制电路板边框内。一般的元件布局都不太规则，因此需要将元件进行重新布局。元件布局的合理性将影响到配线的质量。

6. 配线设置

元件布局设置好后，在实际配线之前，要进行配线规则的设置，例如安全距离、导线宽度等方面的设置。

7. 自动配线

设置好配线规则之后，可以用系统提供的自动配线功能进行自动配线。只要设置的配线规则正确、元件布局合理，Altium Designer 一般都可以成功地完成自动配线。

8. 手动配线

自动配线结束后，有可能因为元件布局或其他原因导致自动配线无法完全解决问题或产生配线冲突，即需要进行手动配线加以设置或调整。如果自动配线完全成功，则可以不必进行手动配线。在元件很少且配线简单的情况下，也可以直接进行手动配线。

9. 生成报表文件

印制电路板配线完成之后，可以生成相应的各类报表文件，例如元件清单、电路板信息报表等。

10. 文件打印输出

生成各类文件后，可以将各类文件打印输出并保存。

（二）PCB 编辑界面

Altium Designer09 系统的 PCB 设计环境主要包括菜单栏、工具栏、编辑窗口、工作面板与板层标签。执行菜单命令"File"→"New"→"PCB"来创建一个新的 PCB 文件。设计人员创建 PCB 文件后，系统将自动进入如图 4-48 所示的 PCB 编辑器界面。

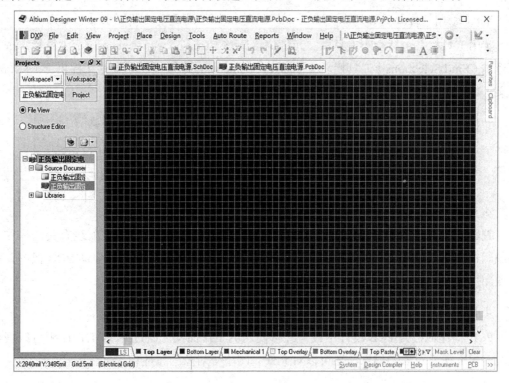

图 4-48　PCB 编辑器的界面

1. 菜单栏

PCB 编辑器的主菜单包括 12 个菜单项，见图 4-33。通过选择菜单栏内相应的命令操作，可为用户提供文档操作、编辑、界面缩放、项目管理、放置工具、设计参数设置、规则设置、板层设置、配线工具、自动配线、报表信息、窗口操作和帮助文件等功能。

2. 工具栏

工具栏中以图标按钮的形式列出了常用菜单命令的快捷方式，包括标准工具栏（PCB Standard Tools）、配线工具栏（Wiring Tools）、过滤（Filter）工具栏、导航（Navigation）工具栏和实用工具栏（Utilities Tools）5 个工具栏，用户可根据需要对工具栏中包含的命令项进行选择，并对其摆放位置进行调整。

（1）PCB 标准工具栏

Altium Designer 的 PCB 标准工具栏如图 4-49 所示，该工具栏可为用户提供缩放、选取对象等命令按钮。

图 4-49　PCB 标准工具栏

（2）配线工具栏

配线工具栏主要提供在 PCB 编辑环境中的一般电气对象的放置操作按钮，如图 4-50 所示。

（3）实用工具栏

实用工具栏又包括绘图工具栏、元件位置调整（Component Placement）工具栏、查找选择集（Find Selections）工具栏、尺寸标注（Dimensions）工具栏、放置元件集合（Room）定义工具栏和栅格设置菜单等，如图 4-51 所示。

图 4-50　配线工具栏　　　　　　　　　图 4-51　实用工具栏

3. 编辑窗口

编辑窗口是进行 PCB 设计的工作平台，用于进行与元件的布局和配线有关的操作。在编辑窗口中使用鼠标的左右按键及滚轮就可以灵活地查看、放大、拖动 PCB 板图，以方便用户进行编辑。

4. PCB 工作面板

PCB 工作面板是 PCB 设计中最为经常使用的工作面板。通过 PCB 工作面板可以观察到电路板上所有对象的信息，还可以对元件、网络等对象的属性直接进行编辑。

5. 板层标签

板层标签位于编辑窗口的下方，用于切换 PCB 编辑窗口当前显示的板层，所选中板层的颜色将显示在最前端，表示此板层被激活，用户的操作均应在当前的板层进行。

（三）PCB 编辑系统设置

系统参数设置是 PCB 设计中非常重要的一步，包括印制电路板的选项设置、光标显示、层颜色、系统默认设置、PCB 设置等。

1. 印制电路板的图纸设置

执行菜单命令 Design → Board Options，系统将会弹出如图 4-52 所示的 "Board Options [mil]"（印制电路板选项）对话框。其中包括移动栅格（Snap Grid）设置、电气栅格（Electrical Grid）设置、可视栅格（Visible Grid）设置、计量单位设置和图纸大小设置等。

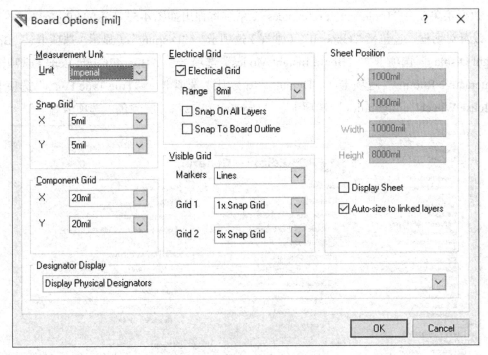

图 4-52　印制电路板选项对话框

（1）Measurement Units（度量单位）

用于设置系统的度量单位，系统提供了两种度量单位，即 "Imperial"（英制）和 "Metric"（公制）。

（2）Snap Grid（移动栅格）

主要用于控制工作空间中的对象移动栅格的间距，它是不可见的。光标移动的间距由在 "Snap Grid" 编辑框中输入的尺寸确定。

（3）Visible Grid（可视栅格）

用于设置可视栅格的类型和栅距。它主要包括 "Lines"（线型）和 "Dots"（点型）两种栅格类型。可视栅格可以用作放置和移动对象的可视参考，栅距可设置为细栅距和粗栅距，如图 4-52 所示的 "Grid1" 设置为 1mil，"Grid2" 设置为 5mil。

（4）Component Grid（组成栅格）

用于设置元件移动的间距，"X" 用于设置 X 向移动间距，"Y" 用于设置 Y，向移动间距。

（5）Electrical Grid（电气栅格）

用于设置电气栅格的属性，它的含义与原理图中电气栅格的含义相同。选中"Electrical Grid"复选框表示其具有自动捕捉焊盘的功能，"Range"（范围）用于设置捕捉半径。

（6）Sheet Position（图纸位置）

该操作选项用于设置图纸的大小和位置。"X""Y"编辑框用来设置图纸左下角的位置，"Width"编辑框用来设置图纸的宽度，"Height"编辑框用来设置图纸的高度。

2. 编辑环境参数设置

执行菜单命令"Tools"→"Preferences"，系统将弹出如图4-53所示的"Preferences"（参数）设置对话框。它包括"General"（常规）选项卡、"Display"（显示）选项卡、"Board Insight Display"选项卡、"Board Insight Modes"选项卡、"Board Insight Lens"选项卡、"Interactive Routing"选项卡、"Defaults"（默认）选项卡、"True Type Fonts"选项卡、"Mouse Wheel Configuration"选项卡、"Layers Colors"（层颜色）选项卡等。

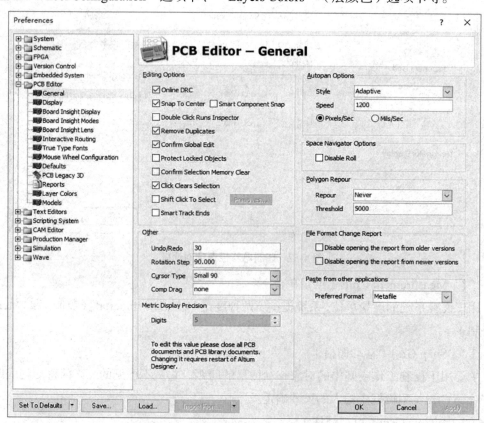

图4-53 参数设置对话框（编辑环境）

（1）"General"选项卡

"General"选项卡用于设置一些常用功能，包括Editing Options（编辑选项）、Autopan Options（自动选项）、Polygon Repour（多边形推挤）、Interactive Routing（交互配线）和Other（其他）设置等。

（2）"Display"选项卡

"Display"选项卡用于设置屏幕显示和元件显示模式，如高亮设置、图像极限设置等。

（3）"Board Insight Display"选项卡

"Board Insight Display"选项卡可以设置板的过孔和焊盘的显示模式，如单层显示模式以及高亮显示模式等。

（4）"Board Insight Modes"选项卡

"Board Insight Modes"选项卡可以设置板的显示模式，如是否显示仰视信息、字体大小、颜色等。

（5）"Board Insight Lens"选项卡

"Board Insight Lens"选项卡可以设置透镜模式，使用透镜显示模式时，可以把光标所在的对象使用透镜放大模式进行显示。

（6）"Interactive Routing"选项卡

"Interactive Routing"选项可以设置交互配线模式，如交互配线的基本规则以及其他与交互配线相关的模式等。

（7）"Defaults"选项卡

"Defaults"选项卡用于设置各个组件的系统默认设置，包括Arc（圆）、Component（元件封装）、Coordinate（坐标）、Dimension（尺寸）、Fill（金属填充）、Pad（焊盘）、Polygon（敷铜）、String（字符串）、Track（导线）、Via（过孔）等。

（四）电路板层面的设置

1.PCB 的分层

Altium Designer 09 可以设置 74 个板层，包含 32 层 Signal（信号层）、16 层 Internal Plane（内电源层）、16 层 Mechanical（机械层）；2 层 Solder Mask（阻焊层）、2 层 Paste Mask（助焊层）、2 层 Silkscreen（丝印层）、2 层钻孔（钻孔引导和钻孔冲压）、1 层 Keep Out（禁止层）和 1 层 Multi-Layer（横跨所有的信号板层）。

（1）Signal Layers（信号层）

信号层即为铜箔层，主要用来完成电气的连接特性。Altium Designer 09 提供 32 层信号走线层，分别为 Top Layer、Bottom Layer，Mid Layer 1、Mid Layer 2、…、Mid Layer 30，各层均以不同颜色显示。

（2）Internal Planes（内电源层）

内电源层主要用于布置电源线及接地线。Altium Designer 09 提供 16 层 Internal Planes，分别为 Internal Layer 1、Internal Layer 2、…、Internal Layer 16，各层均以不同颜色显示。如果用户绘制的是多层板，则用户可以执行菜单命令"Design"→"Layer Stack Manager"来设置内部平面层。

（3）Mechanical Layers（机械层）

机械层用来定义板轮廓、放置厚度、制造说明或其他设计需要的机械说明。Altium Designer 09 提供 16 层 Mechanical，分别为 Mechanical Layer 1、Mechanical Layer 2、…、

Internal Layer 16，各层均以不同颜色显示。制作 PCB 时，系统默认机械层只有一层。

（4）Mask Layers（掩膜层）

掩膜层主要用于保护铜线，也可以防止焊接到错误的地方。Altium Designer 09 提供 4 层 Mask Layers，分别为 Top Solder（顶层阻焊膜）、Bottom Solder（底层阻焊膜）、Top Paste（顶层助焊膜）与 Bottom Paste（底层助焊膜）。

（5）Silkscreen Layers（丝印层）

丝印层主要用于在印制电路板的上、下两表面上印刷所需的标志图案和文字代号等，主要包括顶层丝印层（Top Overlay）、底层丝印层（Bottom Overlay）两种。

（6）Other Layers（其他工作层）

Altium Designer 除了提供以上的工作层以外，还提供以下的其他工作层：

①Keep-OutLayer，用于设置是否禁止配线层，用于设定电气边界，此边界外不能配线。

②Multi-Layer，用于设置是否显示复合层，如果不选择此项，过孔就无法显示。

③Drill Guide，用于选择绘制钻孔导引层。

④Drilldrawing，用于选择绘制钻孔冲压层。

当进行工作层设置时，执行菜单命令"Design"→"Board Layers & Colors"，系统将弹出如图 4-54 所示的"View Configurations"（视图配置）对话框，其中会显示用到的信号层、平面层、机械层以及层的颜色和图纸的颜色。

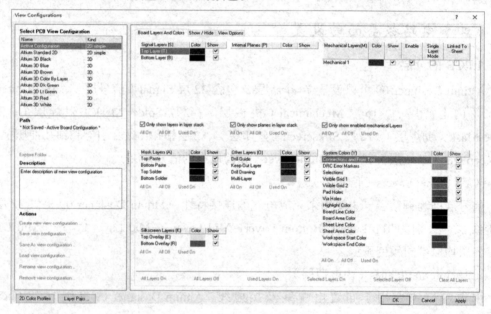

图 4-54　视图配置对话框

2. PCB 的层数设置

Altium Designer 提供层堆栈管理器来对各层的属性进行设置，在层堆栈管理器中，用户可以定义层的结构，并看到层堆栈的立体效果。对电路板工作层的管理，可以执行菜单命令"Design"→"Layer Stack Manager"，系统将弹出如图 4-55 所示的"Layer Stack

Manager"（层堆栈管理器）对话框。

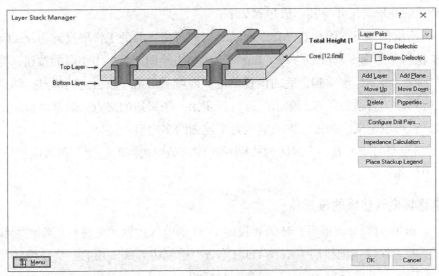

图 4-55　层堆栈管理器对话框

（1）"Add Layer"按钮

用于添加中间信号层。

（2）"Add Plane"按钮

用于添加内电源／接地层。

（3）"Top Dielectric"复选框

用于在顶层添加绝缘层，单击其左边的按钮可以设置绝缘层的属性。

（4）"Bottom Dielectric"复选框

用于在底层添加绝缘层。

（5）"Move Up"和"Move Down"按钮

用于重新排列中间的信号层。

3. 工作层与颜色设置

PCB 编辑器内显示的各个板层具有不同的颜色，以便区分。如果查看 PCB 工作区的底部，会看见一系列层标签。在设计印制电路板时，Altium Designer 提供了多个工作层供用户选择，用户可以在不同的工作层上进行不同的操作。

当进行工作层设置时，执行菜单命令"Design"→"Board Layers & Colors"，系统将弹出"Board Layers & Colors"对话框，使用该对话框可以显示、添加、删除、重命名及设置层的颜色。

（五）电路板边框的设置

1. 电路板物理边框的设置

电路板的物理边界即 PCB 的实际大小和形状，板形的设置是在工作层面 Mechanical 1

上进行的，根据所设计的 PCB 在产品中的位置、空间大小、形状以及与其他部件的配合来确定 PCB 的外形与尺寸。其一般步骤如下：

（1）单击编辑区下方的标签"Mechanical 1"，即可将当前的工作层设置为 Mechanical 1。

（2）执行菜单命令"Place"→"line"，或单击绘图工具栏中相应的按钮，此时，光标变为十字状。将光标移动到合适的位置单击，即可确定第一条板边的起点。然后拖动鼠标，将光标移动到合适的位置再单击，即可确定第一条板边的终点。通常将板子的形状定义为矩形，也可以定义为圆形、椭圆形或者不规则的多边形。

（3）当绘制的线组成一个封闭的边框时，即可结束边框的绘制。右击或按下"Esc"键即可退出操作。

2. 电路板电气边框的设置

设定了 PCB 的物理边框后，还需要设定 PCB 的电气边框才能进行后续的配线工作。电气边框是通过在禁止配线层（Keep-Out Layer）绘制边界来实现的。禁止配线层是一个特殊的工作层面，其中所有的信号层对象，包括焊盘、过孔、元器件、导线等，都被限定在电气边框之内。理论上讲，电气边框的尺寸应该略小于物理边界，但在实际设计时，通常使电气边框与板的物理边界相同，设置电气边框时，必须确保轨迹线和元件不会距离边界太近，该轮廓边界为设计规则检查器（Design Rule Checker）、自动布局器（Auto placer）和自动配线器（Auto router）所用。定义电气边界的一般步骤如下：

（1）单击编辑区下方的标签"Keep-Out Layer"，即可将当前的工作层设置为"Keep-Out Layer"。该层为禁止配线层，一般用于设置电路板的边界，以将元件限制在这个范围之内。

（2）执行菜单命令"Place"→"Keepout"→"Track"，或单击绘图工具栏中相应的按钮。

（3）执行该命令后，光标变成十字状。将光标移动到合适的位置单击，即可确定第一条板边的起点。然后拖动鼠标，将光标移动到合适的位置再单击，即可确定第一条板边的终点。

（4）用同样的方法绘制其他 3 条板边，并对各边进行精确编辑，使之首尾相连。

实际设计 PCB 时，也可以只设定电气边框而不设定物理边框，具体加工时是以电气边框为准。

五、PCB 的设计

（一）PCB 的配线工具

印制电路板编辑系统提供了强大的配线工具栏和绘图工具栏。

1. 交互配线

执行交互配线命令"Place"→"Interactive Routing"或单击配线工具栏中的按钮执行交互配线命令。执行配线命令后，光标变成十字状，将光标移到所需的位置单击，确定网络连接导线的起点，然后将光标移到导线的下一个位置单击，即可绘制出一条导线。完成一次配线后右击，即可完成当前网络的配线，光标变成十字状，此时可以继续进行其他网络的配线。在放置导线时，可按"Tab"键打开"Interactive Routing For Net II [mil]"（交互配线设置）对话框，如图 4-56 所示。

（1）Via Hole Size（过孔尺寸）

用来设置板上过孔的孔直径。

（2）Width from user preferred Value（导线宽度）

用来设置配线时的导线宽度。

（3）Apply to all layers（适用于所有层）

选中后所有层均使用这种交互配线参数。

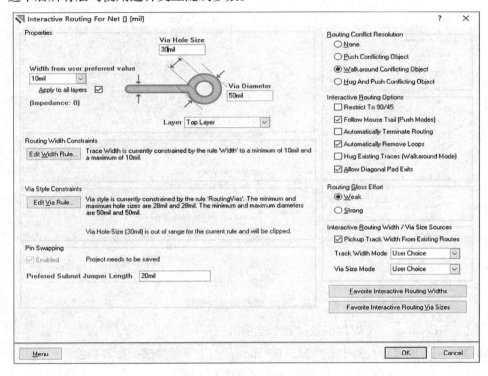

图 4-56　交互配线设置对话框

（4）Via Diameter（过孔的外径）

用来设置过孔的外径。

（5）Layer（层）

用来设置导线所在层。

2. 放置焊盘

执行命令菜单"Place"→"Pad"或单击绘图工具栏中的按钮放置焊盘。执行该命令后，光标变成十字状，将光标移到所需的位置单击，即可将一个焊盘放置在该处。将光标移到新的位置，按照上述步骤，再放置其他焊盘。在此命令状态下，按下"Tab"键，弹出如图 4-57 所示的"Pad [mil]"（焊盘属性）对话框。

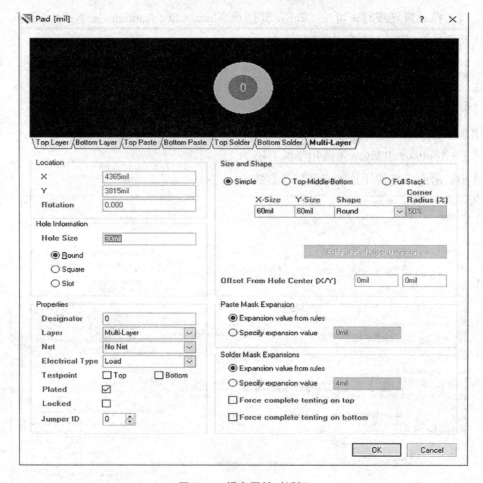

图 4-57　焊盘属性对话框

（1）"Location"（焊盘位置设置）选项组

X/Y，用于设置焊盘的中心坐标。Rotation，用于设置焊盘的旋转角度。

（2）"Sizeand Shape"（焊盘的尺寸和形状）选项组

Shape（形状），用于选择焊盘的形状，如 Round（圆形）、Rectangle（矩形）、Octagonal（八角形）和 Rounded Rectangle（圆角矩形）。

（3）"Hole Size"（孔尺寸）选项组

用于设置焊盘的孔尺寸。

（4）"Properties"选项组

① Designator，用于设定焊盘的序号。

② Layer，用于设定焊盘所在层。通常多层电路板焊盘层为 Multi-Layer。

③ Net，用于设定焊盘所在网络。

④ Electrical Type，用于设置焊盘的电气属性，如 Load（中间点）、Source（起点）和 Terminator（终点）。

⑤ Locked，该属性被选中时，焊盘被锁定。

⑥ Plated，用于设定是否将焊盘的通孔孔壁加以电镀。

⑦ Jumper ID，用于为焊盘提供一个跳线连接 ID，从而可以用作 PCB 的跳线连接。

3. 放置过孔

执行菜单命令"Place"→"Via"或单击绘图工具栏中的按钮💿放置过孔，执行命令后，光标变成十字状，将光标移到所需的位置单击，即可将一个过孔放置在该处。将光标移到新的位置，按照上述步骤，再放置其他过孔。双击鼠标右键，光标变成箭头状，退出该命令状态。在放置过孔时按"Tab"键，会弹出如图 4-58 所示的"Via [mil]"（过孔属性）对话框。

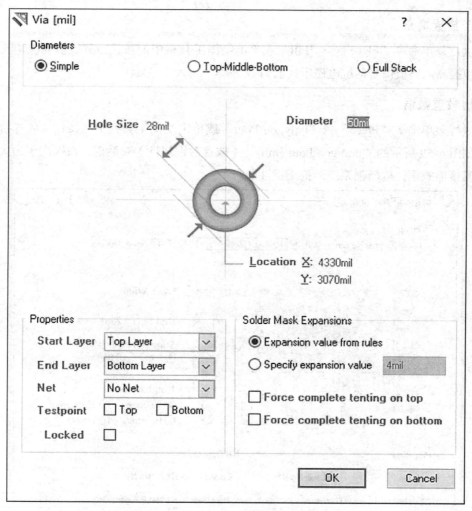

图 4-58　过孔属性对话框

（1）"Diameters"选项组

选择"Simple"选项可以设置过孔的大小（Hole Size）、直径（Diameter）以及 X/Y 的位置；选择"Top-Middle-Bottom"选项需要指定在顶层、中间层和底层的过孔直径大小；选择"Full Stack"选项可以单击"Edit Full Pad Layer Definition"按钮进入过孔层编辑器。

（2）"Properties"选项组

可以设置过孔的电气属性。

① Start Layer，用于设定过孔穿过的开始层。

② End Layer，用于设定过孔穿过的结束层。

③ Net，用于设定过孔是否与 PCB 的网络相连。

④ Locked，用于设定过孔锁定。

4. 设置补泪滴

执行菜单命令"Tools"→"Teardrops"进行补泪滴，通过焊盘和过孔等可以进行补泪滴设置。

5. 放置填充

执行菜单命令"Place"→"Fill"或单击绘图工具栏中的按钮 ■ 放置填充。填充可以有效地提高电路板信号的抗电磁干扰能力。

6. 放置敷铜

执行菜单命令"Place"→"Polygon Pour"或单击绘图工具栏中的按钮 ■ 放置敷铜，弹出如图 4-59 所示的"Polygon Pour [mil]"（放置敷铜属性）对话框。敷铜用于为大面积电源或接地敷铜，以增强系统的抗干扰性能。

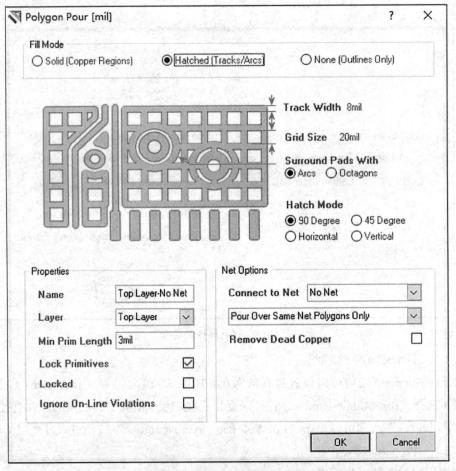

图 4-59　放置敷铜属性对话框

7. 放置字符串

执行菜单命令 "Place" → "String" 或单击绘图工具栏中的按钮 A 放置字符串。绘制印制电路板时，常常需要在板上放置字符串。在光标变成十字状时，按 "Tab" 键，系统弹出字符串属性对话框，可用来设置字符串的内容、所在层和格式等。

（二）导入网络表信息

1. 导入准备

要将原理图中的设计信息转换到新的空白 PCB 文件中，首先应完成如下几项准备工作：

（1）对项目中所绘制的电路原理图进行编译检查、验证设计，并确保电气连接的正确性和元器件封装的正确性。

（2）确认与电路原理图和 PCB 文件相关联的所有元件库均已加载，保证原理图文件中所指定的封装形式在可用库文件中都能找到并可以使用。PCB 元器件库的加载和原理图元器件库的加载方法完全相同。

（3）在当前设计的项目中包含有新的空白 PCB 文件。

2. 网络表的导入

Album Designer 中的原理图编辑器和 PCB 编辑器中都提供了设计同步器，使用原理图编辑器中的设计同步器不但可以实现网络与元器件封装的装入操作，而且可以随时对相应的 PCB 中的设计进行更新。同样，通过 PCB 编辑器中的设计同步器也可以对相应原理图中的设计进行更新，这就实现了完全的设计同步，并充分保证了原理图与 PCB 之间的数据一致性。

下面以图 4-18 所示电路为例说明网络表的导入。

（1）打开所建的 PCB 工程文件 "正负输出固定电压直流电源电路"。

（2）在原理图编辑环境下，执行菜单命令 "Design" → "Update PCB Document 正负输出固定电压直流电源电路 .PcbDoc"，装入原理图的网络和元件，系统会弹出如图 4-60 所示的对话框。或者在 PCB 编辑环境下，执行菜单命令 "Design" → "Import Changes From 正负输出固定电压直流电源电路 .PrjPcb"，同样可以实现元件和网络的装入操作。

（3）单击图 4-45 所示对话框中的 "Validate Changes" 按钮，检查其工程变化顺序（ECO），并使工程变化顺序有效。

（4）单击 "Execute Changes" 按钮，接收工程变化顺序，并将元件封装和网络表添加到 PCB 编辑器中。如果 ECO 存在错误，即检查时存在错误，则装载不能成功。

（5）单击 "Close" 按钮，实现装入网络表与元件，结果如图 4-61 所示。

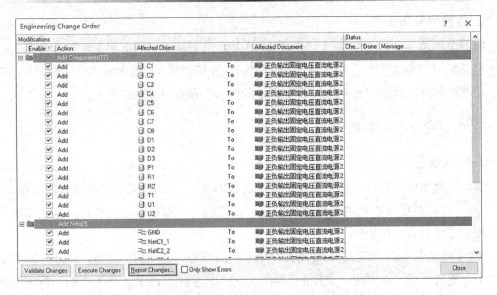

图 4-60　网络表的导入对话框

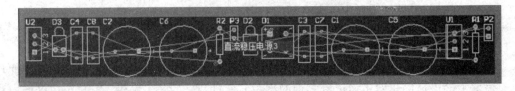

图 4-61　装入网络表与元件

（三）PCB 的布局

在完成网络表的导入以后，元件已经显示在工作窗口中了，此时就可以开始元件的布局。Altium Designer 提供了强大的 PCB 自动布局功能，用户只要定义好规则，就可以将重叠的元件封装分开，然后再放置到规划好的布局区域进行合理的布局。

1. 元件的自动布局

在 PCB 编辑环境下，元件的自动布局步骤如下：

（1）导入网络表，设定自动布局参数。执行菜单命令"Design"→"Rules"，系统弹出"PCB 规则约束编辑器"对话框，设置自动布局参数。

（2）在禁止配线层设置配线区。

（3）执行菜单命令"Tools"→"Component Placement"→"Auto Player"，系统弹出"Auto Place"（自动布局设置）对话框，如图 4-62 所示。

PCB 编辑器提供了两种自动配线方式，即分组布局方式和统计布局方式，每种方式使用不同的计算和优化元件位置的方法。

（1）"Cluster Placer"（分组布局方式）选项

分组布局方式将元件按连通属性分为不同的元件束，并且将这些元件按照一定的几何位置布局。这种布局方式适用于元件数量较少（小于 100 个）的 PCB 制作中。

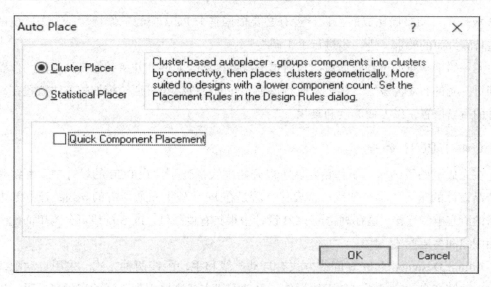

图 4-62　自动布局设置对话框

（2）"Statistical Placer"（统计布局方式）选项

统计布局方式使用统计算法来放置元件，以便使其连接长度达到最优化，使元件间用最短的导线来连接。一般如果元件数量超过100个，建议使用统计布局方式，如图4-63所示。

① Group Components，用于将在当前网络中连接密切的元件归为一组。

② Rotate Components，依据当前网络连接与排列的需要，使元件重组转向。

③ Automatic PCB Update，用于自动更新 PCB 的网络和元件信息。

④ Power Nets，用于定义电源网络名称。

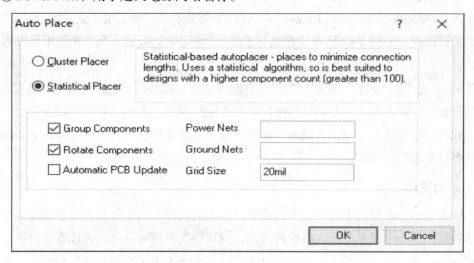

图 4-63　自动布局设置对话框（统计布局方式）

2. 元件手动布局

自动布局仅仅是将元件封装放置到 PCB 板上，自动布局之后的 PCB 板的合理性和美观性均有所欠缺，无法让设计者满意，也无法进行下面的配线操作。为了制作出高质量的

PCB 板，在自动布局完成后，设计者有必要根据整个 PCB 板的工作特性、工作环境以及某些特殊方面的要求，进一步进行手工调整。

元件的手动布局过程很简单，只需单击需要移动的元件，并将其拖拽到所需的位置放手即可。元件布局完成后，接下来应将每个元件的器件标识符通过拖拽的方法放置在靠近元件的适当位置，以方便阅读和查找。

（四）PCB 的配线

在完成电路板的布局工作后，就可以开始配线操作了。在 PCB 的设计中，配线是完成产品设计的重要步骤。配线的首要任务就是在 PCB 板上布通所有的导线，建立起电路所需的所有电气连接，这在高密度 PCB 设计中很具有挑战性。PCB 配线可分为单面配线、双面配线和多层配线。

Altium Designer 的 PCB 配线方式有自动配线和手动配线两种方式。采用自动配线方式时，系统会自动完成所有的配线操作；手动配线方式则要根据飞线的实际情况手工进行导线连接。实际配线时，可以先用手动配线的方式完成一些重要的导线连接，然后再进行自动配线，最后再用手动配线的方式修改自动配线时不合理的连接。

1. 自动配线

在 PCB 编辑环境下，元件的自动配线步骤如下：

（1）完成了 PCB 板元件布局规则的设置之后，还需要对自动配线规则进行设置。执行菜单命令"Design"→"Rules"，系统弹出"PCB 规则约束编辑器"对话框，用来设置自动配线参数。

（2）执行菜单命令"Auto Route"→"All"，系统弹出"Situs Routing Strategies"（配线策略）对话框，如图 4-64 所示。在该对话框的"Routing Strategy"选项组中可以选择配线策略。

（3）单击"Route All"按钮，执行自动配线命令，系统将对电路板自动进行配线。

执行自动配线的方法主要有全局配线、对选定网络进行配线、对两连接点进行配线、对指定元件进行配线、对指定区域进行配线、对指定的类进行配线、对指定的 Room 空间内的所有对象进行配线等。

2. 手动配线

Altium Designer 提供了许多有用的手动配线工具，使配线工作变得非常容易。尽管自动配线器提供了一个简易而强大的配线方式，但在绝大多数情况下，设计者还需要用手工完成布局、放置、配线、调整等操作。系统为用户提供了丰富的图元放置和调整工具，如放置导线、焊盘、过孔、字符串、尺寸标注，或者绘制直线、圆弧等，这些操作可通过前文所述的配线工具栏和实用工具栏所提供的快捷操作或命令完成。

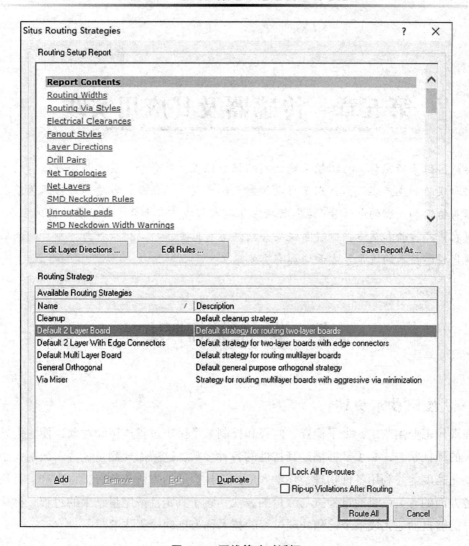

图 4-64　配线策略对话框

3. 3D 效果图

Altium Designer 具有 PCB 的 3D 显示功能，使用该功能可以显示 PCB 清晰的三维立体效果图，不用附加高度信息，元件、丝网、铜箔均可以被隐藏，并且用户可以随意进行旋转、缩放、改变背景的颜色等操作。在 3D 效果图上，用户可以看到将来的 PCB 板全貌，因此可以在设计阶段就把一些错误改正过来，从而缩短设计周期并降低成本。PCB 的 3D 显示可以通过执行菜单命令 "View" → "Boardin 3D" 来实现。

第五章　传感器及其应用实践

　　传感器位于研究对象与测控系统之间的接口位置，是感知、获取与检测信息的窗口。一切科学实验和生产实践，特别是自动控制系统要获取的信息，都要通过传感器获取并转换为容易传输和处理的电信号。传感器在信息技术领域具有十分重要的基础性地位和作用，传感器在产品检验和质量控制、系统安全经济运行监测、自动化生产与控制系统的搭建和推动现代科学技术的进步等方面均具有重要意义。

第一节　传感器概述

一、检测技术概述

　　在现代工业生产中，为了检查、监督和控制某个生产过程或运动对象，使它们处于所选工况的最佳状态，必须掌握描述其特性的各种参数，这就需要测量这些参数的大小、方向和变化速度等。利用各种物理、化学效应，选择合适的方法与装置，将生产、科研、生活等各方面的有关信息通过检查与测量的方法，赋予其定性或定量结果的过程，称为检测技术。能够自动地完成整个检测处理过程的技术称为自动检测技术。

（一）检测系统的组成

　　检测系统是指能协助完成整个检测处理过程的系统。检测技术的任务是通过一种器件或装置，将被测的物理量进行采集、变换和处理。在被测物理量中，非电量占了绝大部分，如压力、温度、湿度、流量、液位、力、应变、位移、速度、加速度、振幅等。非电量的检测多采用电测法，即首先获取被测量的信息，并通过信息的转换把获得的信息变换为电量，然后再进行一系列的处理，并用指示仪或显示仪将信息输出，或由计算机对数据进行处理，最后把信息输送给执行机构。所以一个检测系统主要分为信息获取、信息转换、信息处理与输出等几部分，因此其主要由传感器、信号处理电路、显示装置、数据处理装置和执行机构组成，如图 5-1 所示。

1. 传感器

　　传感器是把被测量（一般为非电量）变换为另一种与之有确定对应关系，并且容易测量的量（通常为电学量）的信息获取器件。传感器是实现自动检测和自动控制的重要环节，其所获得的信息关系到整个检测以及控制系统的精度。

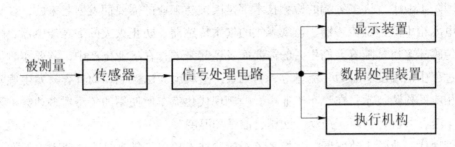

图 5-1　检测系统的组成

2. 信号处理电路

信号处理电路是把微弱的传感器输出信号进行放大、调制、解调、滤波、运算以及数字化处理的电子电路，其主要作用就是把传感器输出的电学量转变成具有一定功率的模拟电压（或电流）信号或数字信号。

3. 显示装置

显示装置的主要作用就是让人们了解检测数值的大小或变化的过程。目前常用的显示装置有模拟显示器、数字显示器、图像显示器及记录仪。

模拟显示是利用指针对标尺的相对位置来表示被测量数值的大小，如毫伏表、毫安表等，其特点是读数方便、直观，结构简单，价格低廉，在检测系统中一直被大量使用。数字显示是指用数字形式来显示测量值的大小，目前大多采用 LED 发光数码管或液晶显示屏等来进行数字显示，如数字电压表。这类检测仪器还可附加打印机，用来打印测量数值记录。数字显示易于处理器处理。图像显示是指用 CRT 或点阵式的 ICD 来显示读数或被测参数的变化曲线，主要用于计算机自动检测系统中的动态显示。记录仪主要用来记录被测参数的动态变化过程，常用的记录仪有笔式记录仪，绘图仪、数字存储示波器、磁带记录仪等。

4. 数据处理装置

数据处理就是使用处理器对被测结果进行处理、运算、分析，并对动态测试结果进行频谱、幅值和能量谱分析等。

5. 执行机构

所谓执行机构，通常是指各种继电器、电磁铁、电磁阀、电磁调节阀、伺服电动机等。在电路中，它们是起通断、控制、调节、保护等作用的电气设备。许多检测系统能输出与被测量有关的电流或电压信号，并将其作为自动控制系统的控制信号，去驱动这些执行机构。

（二）检测系统的应用

近年来，检测系统广泛应用于生产、生活等领域，而且随着生产力水平与人类生活水平的不断提高，人们对检测技术提出了越来越高的要求。

在国防工业中，许多尖端的检测技术都是因国防工业的需要而发展起来的；在日常生活中，电冰箱中的温度传感器、监视煤气的气敏传感器、防止火灾的烟雾传感器、防盗用的光电传感器等也是随着人们生活的需要而发展起来的；在工业生产中，需要实时检测生产工艺过程中的温度、压力、流量等，否则生产过程就无法控制，而且容易发生危险，这就需要相应的检测技术；在汽车工业中，一辆现代化汽车所使用的传感器多达数十种，用以检测车速、方位、转矩、振动、油压、油量和温度等。

随着现代工业的飞速发展，测控系统对检测技术提出了越来越高的要求，例如，在要求检测系统具备更高的速度、精度的同时，也要求其具有更大的灵活性和适应性以及更高的可靠性，并向多功能化、智能化方向发展。传感器的广泛使用使这些要求成为可能。传感器处于研究对象与测控系统的接口位置，是感知、获取检测信息的窗口，一切科学实验和生产过程，特别是自动检测和自动控制系统要获取的信息，都要通过传感器将其转换成容易传输与处理的电信号。

二、传感器的基本概念

传感器（Transducer、Sensor）是联系研究对象与测控系统的桥梁，是感知、获取与检测信息的窗口。一切科学实验和生产实践，特别是自动控制系统要获取的信息，都要首先通过传感器获取并转换为容易传输和处理的信号。传感器处于被测量与控制系统的接口位置，是现代检测技术和自动控制技术的重要基础。

根据我国的标准（GB/T7665—2005），传感器被定义为能感受（或响应）规定的被测量并按一定规律将其转换成可用信号输出的器件或装置，通常由直接响应于被测量的敏感元件和产生可用信号输出的转换元件以及相应的电子线路所组成。传感器的共性就是利用物理定律或物质的物理、化学或生物特性，将非电量（如位移、速度、加速度、力等）输入转换成电量（如电压、电流、频率、电荷、电容、电阻等）输出。从广义上讲，传感器也是换能器的一种，换能器（Transducer）是将能量从一种形式转换为另一种形式的装置。

（一）传感器的组成

根据传感器的定义，传感器的基本组成包括敏感元件和转换元件两部分，由它们分别完成检测和转换两个基本功能。图 5-2 所示为传感器的组成结构。

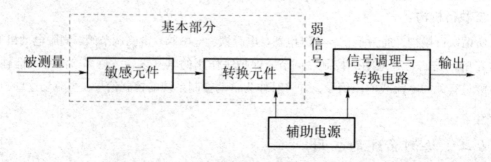

图 5-2　传感器的组成结构

其中，敏感元件是指传感器中能直接感受和响应被测量，并将其转换成与被测量有确定关系、更易于转换的非电量的部分；转换元件是指传感器中能将敏感元件感受或响应的被测量转换成适于传输和处理的电信号的部分；信号调理与转换电路是将转换元件输出的电路参数接入信号调理电路并将其转换成易于处理的电压、电流或频率量。新型的集成电路传感器将敏感元件、转换元件以及信号调理与转换电路集成一个器件。

（二）传感器的分类

传感器的原理各异、种类繁多、形式多样、分类方法也不尽相同。

1. 按被测物理量分类

传感器根据被测量的性质进行分类，如被测量分别为温度、湿度、压力、位移、流量、加速度、光，则对应的传感器分别为温度传感器、湿度传感器、压力传感器、位移传感器、流量传感器、加速度传感器、光电传感器。

2. 按工作原理分类

传感器按工作原理划分时，可以将物理、化学、生物等学科的原理、规律和效应作为分类的依据，并将传感器分为电阻式、电感式、电容式、阻抗式、磁电式、热电式、压电式、光电式、超声式、微波式等传感器。

3. 按转换能量供给形式分类

传感器按转换能量供给形式分为能量变换型（发电型）和能量控制型（参量型）两种。能量变换型传感器在进行信号转换时无须另外提供能量，就可将输入信号的能量变换为另一种形式的能量输出。能量控制型传感器工作时必须有外加电源。

第二节　传感器的类型和应用

一、电阻式传感器

电阻式传感器是将被测量的变化转化为传感器电阻值的变化，再经一定的测量电路实现对测量结果输出的检测装置。电阻式传感器应用广泛、种类繁多，如应变式、压阻式传感器等。

（一）应变式传感器

1. 电阻应变效应

电阻应变片式传感器利用了金属和半导体材料的应变效应。应变效应是金属和半导体材料的电阻值随其所受的机械变形大小而发生变化的一种物理现象。

电阻应变片主要分为金属电阻应变片和半导体应变片两类。金属电阻应变片分为体型和薄膜型两种，其中体型应变片又分为电阻丝栅应变片、箔式应变片、应变花等；半导体应变片是用半导体材料做敏感栅制成的，其主要优点是灵敏度高，缺点是灵敏度的一致性差、温漂大、线性特性不好。

设有一长度为 L、截面积为 A、电阻率为 ρ 的金属丝，它的电阻值 R 可表示为：

$$R = \rho \frac{L}{A} \tag{5-1}$$

当均匀拉力（或压力）沿金属丝的长度方向作用时，式（5-1）中的 L、A 都将发生变化，从而导致电阻值 R 发生变化，即：

$$\frac{dR}{R} = \frac{dL}{L} - \frac{dA}{A} + \frac{d\rho}{\rho} \tag{5-2}$$

电阻相对变化量为：

$$dR = \frac{\rho}{A}dL - \frac{\rho L}{A^2}dA + \frac{L}{A}d\rho \tag{5-3}$$

由材料力学知识，将金属丝的应变 ε、弹性模量 E、泊松比 μ 与压阻系数 λ 带入式（5-3），可得到电阻的相对变化量：

$$\frac{dR}{R} = (1 + 2\mu + \lambda E)\varepsilon \tag{5-4}$$

由式（5-4）可知，电阻的相对变化量是由两方面的因素决定的：一个因素是金属丝几何尺寸的改变，即（$1+2\mu$）项；另一个因素是材料受力后，材料的电阻率 ρ_p 发生的变化，即 λE 项。对于特定的材料，（$1+2\mu+\lambda E$）是一常数，因此，式（5-4）所表达的电阻丝的电阻变化率与应变成线性关系，这就是电阻应变式传感器测量应变的理论基础。

对于金属电阻应变片，材料电阻率随应变产生的变化很小，可忽略不计，电阻的相对变化量可以表示为

$$\frac{\Delta R}{R} = (1 + 2\mu)\varepsilon \tag{5-5}$$

金属电阻应变片就是基于应变效应导致其材料几何尺寸变化的原理制作而成的。

2. 电阻应变式传感器

电阻应变式传感器是利用弹性元件和电阻应变片将应变转换为电阻值变化的传感器。金属电阻应变片有丝式和箔式等结构形式。丝式电阻应变片如图 5-3（a）所示，它是用一根金属细丝按图示的形状弯曲后用胶粘剂贴于衬底上，衬底用纸或有机聚合物等材料制成，电阻丝的两端焊有引出线。箔式电阻应变片的结构如图 5-3（b）所示，它是用光刻、腐蚀等工艺方法制成的一种很薄的金属箔栅。其优点是表面积大、散热条件好、可做成任意形状，便于大批量生产。

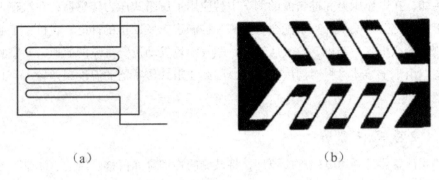

（a）　　　　　　　　　　　　　　　　　　（b）

图 5-3　金属电阻应变片的结构

（a）丝式电阻应变片；（b）箔式电阻应变片

电阻应变式传感器的应用十分广泛，它可以测量应变应力、弯矩、扭矩、加速度、位移等物理量。例如，应变式力传感器可以检测荷重或力等物理量，并用于各种电子秤与材料试验机的测力元件、发动机的推力测试、水坝坝体承载状况监测等；应变式压力传感器可以用来测量流动介质的动态或静态压力；应变式加速度传感器用于测量物体的加速度，然而加速度是运动参数而不是力，所以需要经过质量惯性系统将加速度转换成力，再作用于弹性元件上来实现测量。

（二）压阻式传感器

压阻式传感器是利用固体的压阻效应制成的一种测量装置。

1. 压阻效应

对一块半导体的某一轴向施加作用力时，它的电阻率会发生一定的变化，这种现象即为半导体的压阻效应。不同类型的半导体，施加不同载荷方向的作用力，其压阻效应也不同。则式（5-3）中电阻的相对变化量可以表示为：

$$\frac{dR}{R} = (1 + 2\mu)\varepsilon + \frac{\Delta\rho}{\rho} \tag{5-6}$$

对于压阻系数为 π 的半导体材料，当产生压阻效应时，其电阻率的相对变化与应力间的关系为：

$$\frac{\Delta\rho}{\rho} = \pi\sigma = \pi E\varepsilon \tag{5-7}$$

对半导体材料而言，$\pi E \gg (1+2\mu)$，故半导体材料的电阻值变化主要是由电阻率变化引起的，而电阻率 ρ 的变化是由应变引起的，这就是压阻式传感器的基本工作原理。

2. 半导体压阻传感器

半导体压阻传感器的工作原理主要是基于半导体材料的压阻效应，压阻式传感器具有频响高、体积小、精度高、测量电路与传感器一体化等特点，压阻式传感器相当广泛地应用在航天、航空、航海、石油、化工、动力机械、生物医学、气象、地质地震测量等各个领域。例如，在爆炸压力和冲击波的测试中就应用了压阻式压力传感器；在汽车工业中，用硅压阻式传感器与电子计算机配合可监测和控制汽车发动机的性能；在机械工业中，它可用来测量冷冻机、空调机、空气压缩机、燃气涡轮发动机等气流的流速，并监测机器的工作状态。由于半导体材料对温度很敏感，因此压阻式传感器的温度误差较大，必须要有温度补偿。

二、电感式传感器

电感式传感器是利用电磁感应原理，将被测的物理量如位移、压力、流量、振动等转换成线圈的自感系数 L 或互感系数 M 的变化，再由测量电路转换为电压或电流的变化量输出，实现由非电量到电量转换的装置。

（一）自感式传感器

将非电量转换成自感系数变化的传感器通常称为自感式传感器。电感式传感器通常是指自感式传感器，它主要由铁芯、衔铁和绕组三部分组成，如图 5-4 所示。这种传感器的线圈匝数和材料磁导率都是一定的，且在铁芯和衔铁间有气隙，气隙厚度为 δ，当衔铁移动时，气隙厚度发生变化，引起磁路中的磁阻变化，从而导致线圈的电感值变化。当把线圈接入测量电路并接通激励电源时，就可获得正比于位移输入量的电压或电流输出。

由于改变 δ 可使气隙磁阻变化，从而使电感发生变化，所以这种传感器也叫变磁阻式传感器。

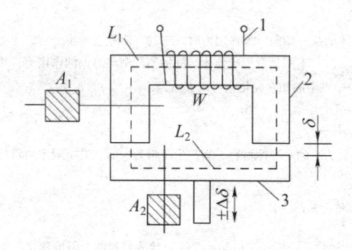

图 5-4　自感式传感器

1- 线圈；2- 铁芯；3- 衔铁

（二）互感式传感器

互感式传感器是根据互感原理制成的，是把被测位移量转换为初级线圈与次级线圈间的互感量变化的检测装置。互感传感器有初级线圈和次级线圈，初级接入激励电源后，次级将因互感而产生电压输出。当线圈间互感随被测量变化时，其输出电压将产生相应的变化。

互感式传感器本身是一个变压器，初级线圈输入交流电压，次级线圈感应出电信号，当互感受外界影响变化时，其感应电压也随之发生相应的变化，由于它的次级线圈接成差动的形式，故称为差动变压器。其结构形式较多，有变隙式、变面积式和螺线管式等。差动变气隙厚度电感式（差动式）传感器的结构如图 5-5 所示。它由两个相同的电感线圈和磁路组成。测量时，衔铁与被测物体相连，当被测物体上下移动时，带动衔铁以相同的位移上下移动，两个磁回路的磁阻发生大小相等、方向相反的变化，一个线圈的电感量增加，另一个线圈的电感量减小，形成差动结构。

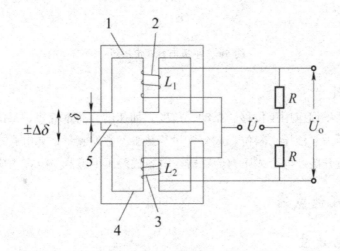

图 5-5　差动变压器式传感器

1，4- 铁芯；2，3- 线圈；5- 衔铁

差动变压器式传感器具有精确度高、线性范围大、稳定性好和使用方便等特点，被广泛应用于位移的测量中。也可借助于弹性元件将压力、质量等物理量转换为位移的变化，从而将其应用于压力、质量等物理量的测量中。

三、电容式传感器

电容式传感器是将被测非电量的变化转换为电容量变化的一种传感器。其具有结构简单、体积小、分辨率高、动态响应好等特点，并可实现非接触式测量，能在高温、辐射和强振动等恶劣条件下工作。

（一）工作原理

电容式传感器是一个具有可变参数的电容器，如图 5-6 所示。用两块金属平板作电极可构成电容器，忽略边缘效应时，其电容 C 为：

$$C = \frac{\varepsilon A}{\delta} = \frac{\varepsilon_r \varepsilon_0 A}{\delta} \tag{5-8}$$

当被测参数变化引起 A、ε 或 d 变化时，将导致平板电容式传感器的电容量 C 随之发生变化。通常保持其中两个参数不变，只改变其中一个参数，把该参数的变化转换成电容量的变化，并通过测量电路转换为电量输出。因此电容式传感器可分为变极距型、变面积型和变介质型三种类型。

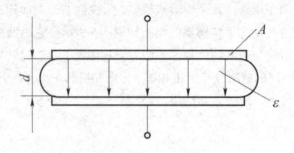

图 5-6　平板电容式传感器

（二）应用

电容式传感器不但应用于位移、振动、角度、加速度、荷重等机械量的测量，也广泛应用于压力、差压力、液压、料位、成分含量等热工参数的测量，如电容式硅微加速度传感器、电容式接近开关、电容式压力传感器、电容式差压传感器与电容式荷重传感器等。

四、压电式传感器

（一）压电效应

某些电介质在沿一定方向上受到外力的作用而变形时，其内部会产生极化现象，同时在其表面产生电荷，当外力去掉后，其又重新回到不带电的状态，这种机械能转换为电能的现象称为压电效应或正压电效应。

在电介质的极化方向上施加交变电场或电压，会使其产生机械变形，当去掉外加电场时，电介质的变形随之消失，这种将电能转换为机械能的现象称为逆压电效应。故压电效应是可逆的。具有压电效应的材料称为压电材料，压电材料能实现机电能量的相互转换。具有压电性质的材料很多，常用的有石英晶体和压电陶瓷。

1. 石英晶体

压电晶体中常用的是石英晶体，石英（SiO_2）是一种具有良好压电特性的压电晶体，其介电常数和压电系数的温度稳定性相当好。石英晶体的突出优点是性能非常稳定，机械强度高，绝缘性能也相当好。但石英材料价格昂贵，且其压电系数也比压电陶瓷低得多。因此，石英一般仅用于标准仪器或要求较高的传感器中。

天然石英晶体结构的理想外形是一个正六面体，如图 5-7 所示，在晶体学中它可用三根互相垂直的轴来表示，其中纵向轴 z 称为光轴；经过正六面体棱线，垂直于光轴的 x 轴称为电轴；与 x 轴和 z 轴同时垂直的 y 轴（垂直于正六面体的棱面）称为机械轴。通常把

沿电轴 x 方向的力作用下产生电荷的压电效应称为"纵向压电效应"，而把沿机械轴 y 方向的力作用下产生电荷的压电效应称为"横向压电效应"，沿光轴 z 方向受力则不产生压电效应。

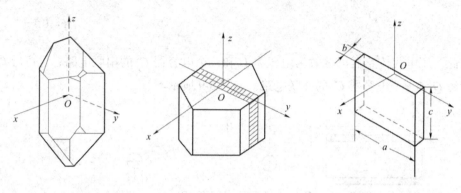

图 5-7　石英晶体

2.压电陶瓷

压电陶瓷属于铁电体一类的物质，是人工制造的多晶压电材料，它具有类似铁磁材料磁畴结构的电畴结构，其内部的晶粒有一定的极化方向，在无外电场作用下，晶粒杂乱分布，它们的极化效应被相互抵消，因此压电陶瓷此时呈中性，即原始的压电陶瓷不具有压电性质。

当在陶瓷上施加外电场时，晶粒的极化方向发生转动，趋向于按外电场方向排列，从而使材料整体得到极化，如图 5-8 所示。外电场越强，其极化程度越高，当外电场强度大到使材料的极化达到饱和时，去掉外电场，材料的极化方向基本不变，这时，材料就具有了压电特性。因此，压电陶瓷需要有外电场和压力的共同作用才具有压电效应。

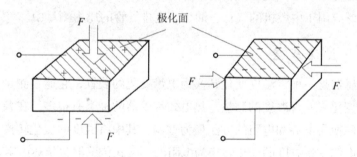

图 5-8　压电陶瓷

（二）压电式传感器

压电式传感器是以某些电介质的压电效应为基础的，并在外力的作用下，在电介质的表面产生电荷，从而实现非电量测量的传感器。压电式传感器中的压电晶体承受被测机械力的作用时，在它的两个极板面上出现极性相反但电量相等的电荷。此时可以把压电式传感器等效为一个极板上聚集正电荷、一个极板上聚集负电荷、中间为绝缘体的电容。

压电式传感器的等效电容量为：

$$C_a = \frac{\varepsilon A}{h} = \frac{\varepsilon_r \varepsilon_0 A}{h} \tag{5-9}$$

当两极板聚集异性电荷时，则两极板就呈现出一定的电压，其大小为：

$$U = \frac{Q}{C_a} \tag{5-10}$$

因此，压电式传感器可等效为电压源 U 和一个电容器 C_a 的串联电路；也可等效为一个电荷源 Q 和一个电容器 C_a 的并联电路，如图 5-9 所示。

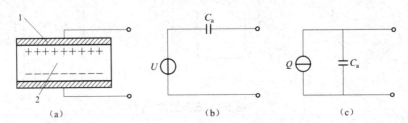

图 5-9　压电传感器

（a）压电片电荷聚集；　（b）电压等效电路；　（c）电荷等效电路

1- 电极；2- 压电材料

压电传感元件是力敏感元件，它可以测量最终能变换为力的那些非电物理量，如动态力、动态压力、振动加速度等，但不能用于静态参数的测量。压电式传感器具有响应频带宽、灵敏度高、信噪比大、结构简单、工作可靠、质量小等优点。它在工程力学、生物医学、石油勘探、声波测井、电声学等许多技术领域中获得了广泛的应用。例如，压电式加速度传感器是测量振动和冲击的一种理想传感器，可以用来测量航空发动机的最大振动；压电式压力传感器的动态测量范围很宽，频响特性好，能测量准静态的压力和高频变化的动态压力，广泛应用于内燃机的气缸、油管、进排气管的压力测量中。

五、热电式传感器

热电式传感器是一种将温度变化转换为电量变化的装置，它通过测量传感元件的电磁参数随温度的变化来实现温度的测量。热电式传感器的种类有很多，在各种热电式传感器中，以把温度转换为电势和电阻的方法最为普遍。其中将温度的变化转换为电势的热电式传感器称为热电偶；将温度的变化转换为电阻的热电式传感器包括热电阻及热敏电阻。

（一）热电偶

热电偶是将温度变化转换为热电势变化的传感器，其构造简单、使用方便、测温范围宽、有较高的精确度和稳定性，在温度的测量中应用十分广泛。

1. 热电偶与热电效应

两种不同材料的导体组成一个闭合回路时，若两接点的温度不同，则在该回路中会产生电势，这种现象称为热电效应，该电势称为热电势。

通常把两种不同金属的这种组合称为热电偶，A 和 B 称为热电极，温度高的接点称为热端，温度低的接点称为冷端。热电偶是利用导体或半导体材料的热电效应将温度的变化转换为电势变化的元件，如图 5-10 所示。

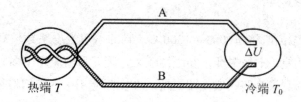

热端 T　　　　　　冷端 T_0

图 5-10　热电偶

组成热电偶回路的两种导体材料相同时，无论两接点的温度如何，回路总热电势为零；若热电偶两接点的温度相等，即 $T=T_0$，则回路总热电势仍为零；热电偶的热电势输出只与两接点的温度及材料的性质有关，与材料 A、B 的中间各点的温度、形状及大小无关；在热电偶中插入第三种材料，只要插入材料两端的温度相同，则对热电偶的总热电势没有影响。

2. 热电材料与应用

常用热电材料有贵金属和普通金属两类，贵金属热电材料有铂铑合金和铂；普通金属热电材料有铁、铜、镍铬合金、镍硅合金等。不同的热电极材料的测量温度范围不同，一般热电偶可用于 0℃ ~1800℃ 范围内的温度测量。

热电偶根据测量需要，可以连接成检测单点温度、温度差、温度和、平均温度等线路，与热电偶配用的测量仪表可以是模拟仪表或数字仪表。若要组成自动测温或控温系统，可直接将数字电压表的测温数据通过接口电路和测控软件连接到控制机中，从而对温度进行计算和控制。

（二）热电阻

热电阻是利用金属导体的电阻值随温度的变化而变化的原理进行测温的传感器。温度升高时，金属内部原子晶格的振动加剧，从而使金属内部的自由电子通过金属导体时的阻碍增大，宏观上表现出电阻率变大，电阻值增加，即电阻值与温度的变化趋势相同。

热电阻主要用于中、低温度（–200℃ ~650℃ 或 850℃）范围内的温度测量。常用的工业标准化热电阻有铂热电阻、铜热电阻和镍热电阻。

1. 铂热电阻

铂是一种贵金属，铂电阻的特点是测温精度高、稳定性好、性能可靠，尤其是其耐氧化性能很强，因此，铂热电阻主要用于高精度的温度测量和标准测温装置。铂热电阻的测温范围为 –200℃ ~850℃，分度号为 Pt50（R_0=50.00Ω）和 Pt100（R_0=100.00Ω）。

2. 铜热电阻

铜热电阻的价格便宜，如果测量精度要求不太高，或测量温度小于 150℃ 时，可选用铜热电阻，铜热电阻的测量范围是 $-50℃ \sim 150℃$。在测温范围内，其线性较好，电阻温度系数比铂高，但电阻率较铂小，在温度稍高时，易于氧化，因此，它只能用于 $150℃$ 以下的温度测量。

3. 镍热电阻

镍热电阻的测温范围为 $-100℃ \sim +300℃$，它的电阻温度系数较高，电阻率较大，但易氧化，化学稳定性差，不易提纯，非线性较大，因此目前应用不多。

热电阻传感器的测量线路一般使用电桥，在实际应用中，人们将热电阻安装在生产环境中，用来感受被测介质的温度变化，而测量电阻的电桥通常作为信号处理器或显示仪表的输入单元，随相应的仪表安装在控制室内。

（三）热敏电阻

热敏电阻是利用半导体的电阻值随温度变化而发生显著变化这一特性制成的一种热敏元件，其特点是电阻率随温度变化而发生显著变化。与其他温度传感器相比，热敏电阻温度系数大、灵敏度高、响应迅速、测量线路简单。

1. 热敏电阻的分类

热敏电阻的温度系数有正有负，按温度系数的不同，热敏电阻可分为正温度系数（PTC）热敏电阻、负温度系数（NTC）热敏电阻和临界温度电阻器（CTR）三种类型。

（1）PTC 热敏电阻

PTC 热敏电阻可作为温度敏感元件，也可以在电子线路中起限流、保护作用。PTC 突变型热敏电阻主要用作温度开关；PTC 缓变型热敏电阻主要用于在较宽的温度范围内进行温度补偿或温度测量。

（2）NTC 热敏电阻

NTC 热敏电阻主要用于温度测量和补偿，测温范围一般为 $-50℃ \sim 350℃$，也可用于低温测量（$-130℃ \sim 0℃$）、中温测量（$150℃ \sim 750℃$），甚至更高温度，其测量温度的范围根据制造时的材料不同而不同。

（3）CTR 热敏电阻

CTR 为临界温度热敏电阻，一般也是负温度系数热敏电阻，但与 NTC 不同的是，在某一温度范围内，CTR 电阻值会发生急剧变化，其主要用作温度开关。

2. 热敏电阻的应用

热敏电阻的测温范围为 $-50℃ \sim 450℃$，主要用于点温度、小温差温度的测量，以及远距离、多点测量与控制，温度补偿和电路的自动调节等，它广泛应用于空调、冰箱、热水器、节能灯等家用电器的测温、控温及国防、科技等各领域的温度控制。例如，在现代汽车的发动机、自动变速器和空调系统中均使用热敏电阻温度传感器，用于测量发动机的水温、进气温度、自动变速器的油液温度、空调系统的环境温度，并为发动机的燃油喷射、自动变速器的换挡、离合器的锁定、油压控制以及空调系统的自动调节提供数据。

（四）集成温度传感器

集成温度传感器是把温敏元件、偏置电路、放大电路及线性化电路集成在同一芯片上的温度传感器。与分立元件的温度传感器相比，集成温度传感器的最大优点在于小型化，使用方便和成本低廉，集成电路温度传感器的典型工作温度范围为 –50℃ ~+150℃，具体数值可能因型号和封装形式的不同而不同。目前，大批量生产的集成温度传感器类型有电流输出型、电压输出型和数字信号输出型三种。

电流输出型温度传感器是把线性集成电路和与之相容的薄膜工艺元件集成在一块芯片上，再通过激光修版微加工技术，制造出性能优良的测温传感器。这种传感器的输出电流正比于热力学温度，而且输出恒流，具有高输出阻抗。AD590 是电流输出型温度传感器的典型产品，适合远距离测量或多点温度测量系统。

电压型 IC 温度传感器是将温度传感器基准电压、缓冲放大器集成在同一芯片上的传感器。其具有输出电压高、输出阻抗低、抗干扰能力强等特性，但不适用于长线传输。LM135 系列集成温度传感器是电压输出型温度传感器，其输出电压与绝对温度成正比，灵敏度为 10mV/K，适合用于工业现场测量。

六、光电传感器

光电传感器是利用光电器件把光信号转换成电信号的装置，光电传感器工作时，先将被测量转换为光量的变化，然后通过光电器件再把光量的变化转换为相应的电量变化，从而实现非电量的测量。

（一）光电效应

物体材料吸收光子能量而发生相应电效应的物理现象称为光电效应，光电效应一般分为外光电效应和内光电效应两种。

1. 外光电效应

光照射到金属或金属氧化物的光电材料上时，光子的能量传递给光电材料表面的电子，如果入射到表面的光能使电子获得足够的能量，电子会克服正离子对它的吸引力，从而脱离金属表面而进入外界空间，这种现象称为外光电效应。

基于外光电效应的光电器件有真空光电管和光电倍增管。

2. 内光电效应

内光电效应是指某些半导体材料在入射光能量的激发下产生电子—空穴对，从而使材料电性能改变的现象。内光电效应可分为因光照引起半导体电阻值变化的光电导效应和因光照产生电动势的光生伏特效应两种。

（1）光电导效应

光电导效应是指物体在光照射下，物体的电阻率等发生改变的现象，也称为光电效应。如光敏电阻和光电管都是利用这一效应制成的。

（2）光生伏特效应

光生伏特效应是指物体在光照射下产生一定方向电动势的现象，如光电池、光电晶体管等都是利用这一效应制成的。

（二）光电器件

1. 光电管

光电管包括真空光电管和充气光电管两类，它们均是由一个阴极 K 和一个阳极 A 构成的，并且密封在一只真空玻璃管内，如图 5-11 所示。阴极装在玻璃管内壁上，其上涂有光电发射材料。阳极通常用金属丝弯曲成矩形或圆形，置于玻璃管的中央。在阴极和阳极之间加有一定的电压，且阳极为正极、阴极为负极。当光通过光窗照在阴极上时，光电子就从阴极发射出去，在阴极和阳极之间电场的作用下，光电子在极间做加速运动，并被高电位的中央阳极收集形成电流，光电流的大小主要取决于阴极灵敏度和入射光辐射的强度。

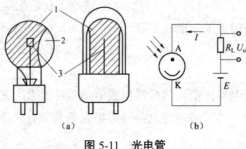

图 5-11　光电管

（a）结构；（b）测量电路

1- 阴极；2- 光窗；3- 阳极

2. 光电信增管

当入射光很微弱时，普通光电管产生的光电流很小，只有零点几个微安，很不容易探测，这时常用光电倍增管对电流进行放大，图 5-12 所示为光电倍增管的外形和工作原理。光电倍增管由阴极（K）、倍增电极以及阳极（A）三部分组成。光阴极是由半导体光电材料锑铯制成的，次阴极是在镍或钢—铍的衬底上涂上锑铯材料制成的，阳极是最后用来收集电子用的。

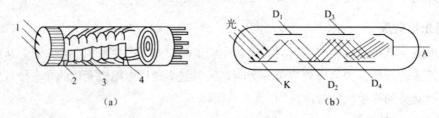

图 5-12　光电倍增管

（a）外形；（b）工作原理

1- 光；2- 阴极（K）；3- 倍增电极 D；4- 阳极（A）

光电倍增管除光电阴极外，还有若干个倍增电极。使用时各个倍增电极上均加上电压。其阴极电位最低，从阴极开始，各个倍增电极的电势依次升高，阳极电势最高。同时这些倍增电极是用次级发射材料制成的，因此，这种材料在具有一定能量的电子轰击下，能够产生更多的次级电子。

3. 光敏电阻

光敏电阻就是对光反应敏感的电阻器，它的电阻率随入射光的强度变化而变化。当入射光照射到半导体上时，若光电导体为本征半导体材料，而且光辐射能量又足够强，则电子受到光子的激发由价带越过禁带并跃迁到导带，在价带中就留有空穴，在外加电压下，导带中的电子和价带中的空穴同时参与导电，即载流子数增多，电阻率下降。由于光的照射，使半导体的电阻发生变化，所以称其为光敏电阻，如图 5-13 所示。

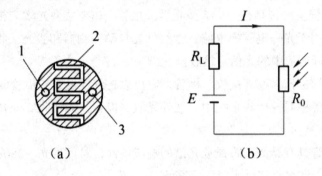

图 5-13　光敏电阻

（a）结构；（b）测量电路

1，3-电极；2-光敏材料

光敏电阻主要有紫外光敏电阻器、红外光敏电阻器与可见光敏电阻器三种。利用其电阻值随光照强度的变化而改变的特性，光敏电阻主要应用在对光进行控制的电路中。例如，红外光敏电阻器主要用于导弹制导、天文探测、非接触温度测量、人体病理探测、红外通信等领域。可见光敏电阻器是日常生活中应用较多的光敏电阻器，如照相机的闪光控制、室内光线控制、工业及光电控制、光电开关、光电耦合、光电自动检测、电子验钞机、电子光控玩具、自动灯开关及各类可见光电控制、测量中都应用了这种电阻器。

4. 光敏二极管

光敏二极管传感器也称为光电二极管，是一种利用硅 PN 结受光照后产生的光电效应制成的二极管。其作用是将接收到的光信号转换为电信号输出，一般应用在自动控制电路中。光敏二极管的管芯是由一个 PN 结组成的，只要光线照射到管芯上，就会直接将光能转换成电能，如图 5-14 所示。当光敏二极管加上反向电压时，反向电流随入射光照度的变化而成正比变化，即光照度越大，反向电流越大；但在一定的反向电压内，反向电流的大小几乎与反向电压无关。在入射光照度一定时，光敏二极管相当于一个恒流源，其输出电压随负载电阻的增大而升高。

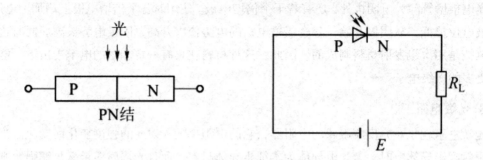

图 5-14 光敏二极管

光敏二极管使用了半导体作为器件的材料，按其对光的作用可分为普通光敏二极管、红外光敏二极管和视觉光敏二极管三类。

普通光敏二极管主要包括硅 PN 结型光敏二极管、PIN 结型光敏二极管等。硅 PN 结型光敏二极管主要用于光—电转换电路、近红外光自动探测器和激光接收等；PIN 结型光敏二极管多用于光纤通信中的光信号接收。

红外光敏二极管也称为红外接收二极管，它可以将红外发光二极管的红外光信号转换为电信号，应用于各种遥控接收系统中。红外光敏二极管只能接收红外光信号，对可见光没有反应。

视觉光敏二极管具有类似人眼视觉光谱的响应特性，对可见光（380~760nm）敏感，对红外光没有反应，即接收红外光时完全截止。

5. 光敏三极管

光敏三极管传感器也称为光电三极管，是具有放大能力的光—电转换三极管。光敏三极管包括 NPN 型和 PNP 型两种基本结构，用 N 型硅材料为衬底制作的光敏三极管称为 NPN 型，用 P 型硅材料为衬底制作的光敏三极管称为 PNP 型，如图 5-15 所示。其作用是将接收到的光信号转换为电信号并加以放大后输出，通常用在光控制电路中。

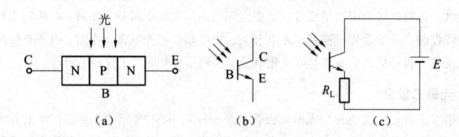

图 5-15 光敏三极管

（a）结构；（b）图形符号；（c）测量电路

光敏三极管是光—电转换器件，在无光照射时，它处于截止状态；当光信号照射其基区时，半导体受光激发产生很多载流子形成光电流，相当于从基极输入电流。光敏三极管比光敏二极管的灵敏度高得多，但其暗电流较大、响应速度慢。

6. 光电池

光电池又称为太阳能电池，是基于光生伏特效应，利用光线直接感应出电动势的光电器件，如图 5-16 所示。它能接收不同强度的光照射，并产生不同的电压。常用的光电池有硒光电池和硅光电池，硅光电池的光电转换效率较高，一般都采用硅光电池作为传感器。光电池也可以利用太阳能进行发电。

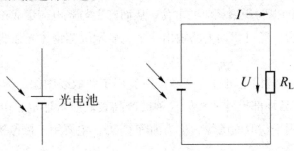

图 5-16　光电池

硅光电池的结构与半导体二极管相似，也是由 PN 结组成，只是为了增大受光量，其工作面积较大。硅光电池有单个的，也有在一块硅晶片上制作多个光电池的。

当光线照射到硅光电池的晶片表面时，就会产生光激发，从而出现很多的电子一空穴对。它们在 PN 结内电场的作用下，带负电的电子向 N 区运动，带正电的空穴向 P 区运动，经过逐渐的积累，就会在 P 区和 N 区两端产生电动势，如果在电极之间接上负载，就会有电流流过。为了减小光线的反射，提高光电转换效率，通常还在光电池的表面涂上一层蓝色的一氧化硅抗反射膜。

（三）固态图像传感器

固态图像传感器是指在同一半导体衬底上由若干个光敏单元与位移寄存器构成一体的集成光电器件，其功能是把按空间分布的光强信息转换成按时序串行输出的电信号。图像传感器是现代视觉信息获取的一种基础器件，可实现可见光、紫外光、X 射线、近红外光等的探测。固态图像传感器主要包括电荷耦合器件 CCD（Charge Coupled Device）、电荷注入器件 CID（Charge Injection Device）、金属—氧化物—半导体（MOS）、电荷引发器件 CPD（Charge Priming Device）和叠层型摄像器件 5 种类型，CCD 是其中应用最广泛的一种，如图 5-17 所示。

图 5-17　面阵 CCD

CCD 是以电荷转移为核心的半导体图像传感器件。其是由一种高感光度的半导体材料制成的，能把光线转变为电荷。CCD 是按照一定规律排列的 MOS 电容器阵列组成的移位寄存器，CCD 的单元结构是 MOS 电容器。在 P 型或 N 型衬底上生成一层很薄的二氧化硅，再在二氧化硅薄层上依序沉积金属或掺杂多晶硅电极，形成规则的 MOS 电容阵列，再加上两端的输入及输出二极管，就构成了 CCD 芯片。当被摄物体反射光线照射到 CCD 器件上时，CCD 根据光线的强弱积聚相应的电荷，从而产生与光电荷量成正比的弱电压信号，经过滤波、放大处理后，通过驱动电路输出一个能表示敏感物体光强弱的电信号或标准的视频信号。

CCD 图像传感器从结构上可分为两类，一类用于获取线图像，称为线阵 CCD，线阵 CCD 目前主要用于产品外部尺寸非接触检测或产品表面质量评定、传真和光学文字识别技术等方面；另一类用于获取面图像，称为面阵 CCD，主要用于摄像领域。

（四）光电编码器

光电编码器也叫光电轴角位置传感器，是一种通过光电转换将输出轴上的机械转动的位移量（模拟量）转换成脉冲或数字量的传感器。光电编码器在角位移测量方面应用广泛，是在自动测量和自动控制中用得较多的一种数字式编码器。

光电编码器按照工作原理可分为增量式和绝对式两类。增量式编码器（也称脉冲盘式编码器）是将位移转换成周期性的电信号，再把这个电信号转变成计数脉冲，用脉冲的个数表示位移大小的编码器。绝对式编码器（也称码盘式编码器）的每一个位置对应一个确定的数字码，因此，它的示值只与测量的起始和终止位置有关，而与测量的中间过程无关，如图 5-18 所示。

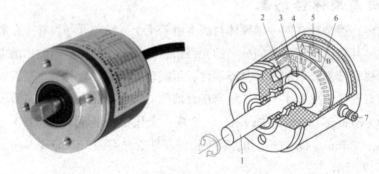

图 5-18　脉冲盘式编码器

1- 转轴；2- 发光二极管；3- 光栅板；4- 零位；5- 光敏元件；6- 码盘；7- 电源及信号线连接座

光电编码器是一种集光、机、电为一体的数字化检测装置，它具有分辨力高、精度高、结构简单、体积小、使用可靠、易于维护、性价比高等优点。近十多年来，它已发展成为一种成熟的多规格、高性能的系列化工业产品，在数控机床、机器人、雷达、光电经纬仪、地面指挥仪、高精度闭环调速系统、伺服系统等诸多领域中都得到了广泛的应用。

七、磁敏传感器

磁敏传感器是一种利用导体和半导体的磁电转换原理，把磁学量转换成电信号的传感器。它对磁感应强度、磁场强度和磁通量比较敏感。

（一）霍尔传感器

1. 霍尔效应

在置于磁场中的导体或半导体内通入电流，若电流与磁场垂直，则在与磁场和电流都垂直的方向上会出现一个电势差，这种现象称为霍尔效应。霍尔效应产生的电动势被称为霍尔电势，其大小与磁场强度成正比。霍尔效应的产生是由于运动电荷受到磁场中洛伦兹力作用的结果。

霍尔效应原理如图 5-19 所示，在与磁场垂直的半导体薄片上通以电流，，假设载流子为电子（N 型半导体材料），它沿与电流，相反的方向运动，由于洛伦兹力 f_L 的作用，电子将向一侧偏转（如图中所示虚线方向），并使该侧形成电子的积累，而另一侧形成正电荷的积累，于是在元件的横向便形成了电场。该电场阻止电子继续向侧面偏移，当电子所受到的电场力 f_E 与洛伦兹力 f_L 相等时，电子的积累达到动态平衡。这时在两横端面之间建立的电场称为霍尔电场 E_H，相应的电势称为霍尔电势 U_H。

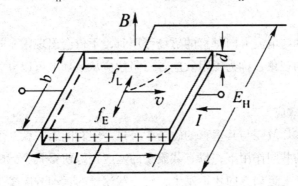

图 5-19　霍尔效应原理

2. 霍尔传感器

霍尔传感器的结构简单，一般由霍尔元件、引线和壳体三部分组成。霍尔元件是一块矩形半导体单晶薄片，在长度方向上焊有两根控制电流端引线 a 和 b，它们在薄片上的焊点称为激励电极；在薄片另外两侧端面的中央以点的形式对称地焊有 c 和 d 两根输出引线，它们在薄片上的焊点称为霍尔电极。霍尔元件的外形结构和电路符号如图 5-20 所示。

霍尔元件本身就是一个传感器，是一种磁电式传感器。运用集成电路技术，可以将霍尔元件及放大器、温度补偿电路、稳压电源等集成在一个芯片上，构成霍尔集成传感器。按其输出信号的形式，可分为线性型和开关型两种。线性型霍尔传感器的输出电压与外加磁场强度呈线性比例关系，如 SL3501T、SL3501M 型传感器；开关型霍尔传感器是通过磁场的大小来控制其输出开关的特性的，如 UGN3020 型传感器。

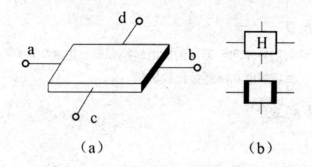

图 5-20　霍尔元件的外形结构及图形符号

（a）外形结构；　（b）图形符号

3. 霍尔传感器的应用

霍尔传感器的结构简单、体积小、频带宽、动态特性好，因而得到了广泛的应用。当控制电流不变时，传感器输出正比于磁感应强度，因此可以将被测量转换为磁感应强度的物理量，如位移、角度、转速、加速度等都可以检测；当磁场不变时，传感器的输出正比于控制电流，因此可以将被测量转换为电流的物理量也可以进行检测。

（二）磁敏电阻传感器

1. 磁阻效应

当霍尔元件受到与电流方向垂直的磁场作用时，不仅会出现霍尔效应，而且还会出现半导体电阻率增大的现象，称为磁阻效应。磁阻效应从原理上可以分为物理磁阻效应和几何磁阻效应两种。

（1）物理磁阻效应

通有电流的霍尔片放在与其垂直的磁场中经过一定时间后，就产生了霍尔电场，在洛伦兹力和霍尔电场的共同作用下，只有载流子的速度正好使得其受到的洛伦兹力与霍尔电场力相同时，载流子的运动方向才不发生偏转。载流子的运动方向发生变化的直接结果是沿着未加磁场之前电流方向的电流密度减小，电阻率增大，这种现象称为物理磁阻效应。

（2）几何磁阻效应

在相同磁场的作用下，由于半导体片几何形状的不同而出现电阻值变化不同的现象称为几何磁阻效应。

2. 磁阻元件及应用

利用磁阻效应做成的电路元件叫磁阻元件。利用其电阻值随磁场强度而改变的特性，它可以将磁感应信号转换为电信号。磁阻元件广泛应用在自动控制中，还可以用于检测磁场、制作无接触电位器、磁卡识别传感器、无接触开关等。例如，在磁场中移动磁阻效应显著的半导体元件，利用它的电阻变化，即可测量磁场的分布。

八、化学传感器

（一）气体传感器

气体传感器是一种把气体中的特定成分检测出来并将它转换为电信号的传感器件，如图 5-21 所示。气体传感器可以用来检测气体类别、浓度和成分等，由于气体种类繁多，性质各不相同，因此，气体传感器的种类较多，需要根据不同的使用场合选用，其中应用较多的是半导体气体传感器。

图 5-21　气体传感器

半导体气体传感器是利用气体吸附而使半导体本身的电阻值发生变化的特性制作而成的。即利用半导体气敏元件同待测气体接触，造成半导体的电导率等物理性质发生变化的原理来检测特定气体的成分或者浓度。半导体气体传感器可分为电阻式和非电阻式两类，其中电阻式气体传感器是用氧化锡、氧化锌等金属氧化物材料制作的敏感元件，当敏感元件接触气体时，其电阻值发生的变化可以用来检测气体；非电阻式气敏传感器是与被测气体接触后，可利用其伏安特性或阈值电压等参量发生变化的特性检测气体的成分或浓度。

半导体气体传感器具有结构简单、使用方便、工作寿命长等特点，可以应用在可燃性气体泄漏报警、汽车发动机燃料控制、食品工业气体检测、大气污染检测等领域。例如，各种易燃、易爆、有毒、有害气体的检测和报警。

（二）湿度传感器

湿度传感器是能够感受外界湿度变化，并通过湿敏元件材料的物理或化学性质变化，将湿度大小转化成电信号的器件。湿度是指物质中所含水蒸气的量，目前的湿度传感器多数是测量气氛中的水蒸气含量，通常用绝对湿度、相对湿度和露点（或露点温度）来表示。

湿度传感器按输出的电学量可分为电阻式、电容式等。其中，湿敏电阻传感器简称湿敏电阻，是一种对环境湿度敏感的元件，它的电阻值会随着环境相对湿度的变化而变化。湿敏电阻是利用某些介质对湿度比较敏感的特性制成的，它主要由感湿层、电极和具有一定机械强度的绝缘基片组成的。它的感湿特性随着使用的材料不同而有所差别，有的湿敏电阻还具有防尘外壳。湿敏电阻的结构如图 5-22 所示。

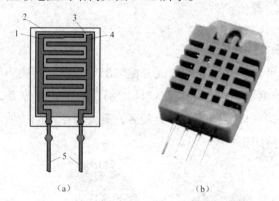

（a） （b）

图 5-22　湿敏电阻传感器

（a）结构；（b）实物

1-电极；2-基体；3-感湿层；4-电极；5-引脚

九、其他传感器

（一）红外传感器

红外传感器是利用红外辐射原理来实现相关物理量测量的一种传感器。红外辐射本质上是一种热辐射，任何物体的温度只要高于绝对零度（-273℃），就会向外部空间以红外线的方式辐射能量。物体的温度越高，辐射出来的红外线越多，辐射的能量也就越强。红外线作为电磁波的一种形式，红外辐射和所有的电磁波一样，是以波的形式在空间中直线传播的，具有电磁波的一般特性。

红外传感器又称为红外探测器，按其工作原理可分为热探测器和光子探测器两类。

1. 热探测器

热探测器是利用红外线被物体吸收后将转变为热能这一特性工作的。当热探测器的敏感元件吸收红外辐射后将引起温度升高，使敏感元件的相关物理参数发生变化，通过对这些物理参数及其变化的测量就可确定探测器所吸收的红外辐射。在红外辐射的热探测中常用的物理现象有温差热电现象、金属或半导体电阻阻值变化现象、热释电现象、金属热膨胀现象、液体薄膜蒸发现象等。只要检测出上述变化，即可确定被吸收的红外辐射能量的大小，从而得到被测非电量值。

2. 光子探测器

利用光子效应制成的红外探测器称为光子探测器。所谓光子效应，就是当有红外线入射到某些半导体材料上时，红外辐射中的光子流与半导体材料中的电子相互作用，改变了电子的能量状态，引起各种电学现象。通过测量半导体材料中电子能量状态的变化，就可以知道红外辐射的强弱。常用的光子效应有光电效应、光生伏特效应、光电磁效应、光电导效应。

红外传感器经常用于远距离红外测温，红外气体分析与卫星红外遥测等。

（二）微波传感器

微波传感器是利用微波特性来检测某些物理量的装置。

1. 微波及其特点

微波是介于红外线与无线电波之间的波长为 1~1000mm 的电磁波。微波既具有电磁波的性质，又不同于普通无线电波和光波。微波具有定向辐射的特性，其装置容易制造，遇到各种障碍物时易于反射，绕射能力差，传输特性好，传输过程中受烟雾、火焰、灰尘、强光的影响很小，介质对微波的吸收与介质的介电常数成比例。

2. 微波传感器

由发射天线发出的微波，遇到被测物时将被吸收或反射，使其功率发生变化，再通过接收天线，接收通过被测物或由被测物反射回来的微波，并将它转换成电信号，再由测量电路进行测量和指示，就实现了微波检测。微波检测传感器可分为反射式与遮断式两种。

（1）反射式微波传感器

反射式微波传感器通过检测被测物反射回来的微波功率或经过的时间间隔来测量被测量。它可以测量物体的位置、位移、厚度等参数。

（2）遮断式微波传感器

遮断式微波传感器通过检测接收天线接收到的微波功率大小，来判断发射天线与接收天线间有无被测物以及被测物的位置与含水量等参数。

微波检测技术的应用比较广泛，常用的有微波液位计、微波物位计、微波测厚仪、微波湿度传感器、微波无损检测仪与用来探测运动物体的速度、方向与方位的微波多普勒传感器。

（三）超声波传感器

超声波传感器是一种以超声波作为检测手段的新型传感器，如图 5-23 所示。

图 5-23　超声波传感器

声波是频率在 16Hz~20kHz 的机械波，人耳可以听到。低于 16Hz 和高于 20kHz 的机械波分别称为次声波与超声波。超声波的波长较短，近似做直线传播，它在固体和液体媒质内的衰减比电磁波小，能量容易集中，可形成较大强度，产生激烈振动，并能起到很多的特殊作用。

超声波能在气体、液体、固体或它们的混合物等各种媒质中传播，也可在光不能通过的金属、生物体中传播，是探测物质内部的有效手段。超声波传感器是检测伴随超声波传播的声压或介质变形的装置，其必须能产生超声波和接收超声波。利用压电效应、电应变效应、磁应变效应、光弹性效应等应变与其他物理性能的相互作用的方法，或利用电磁的或光学的手段等可检测由声压作用产生的振动。超声波传感器按其工作原理可分为压电式、磁致伸缩式、电磁式传感器等，以压电式超声波传感器最为常用。

超声波传感器利用超声波的各种特性，可做成各种超声波检测装置，广泛地应用于冶金、船舶、机械、医疗等领域的超声探测、超声测量、超声焊接，医院的超声医疗和汽车的倒车雷达等方面。

（四）智能传感器

智能传感器（Intelligent Sensor）是带微处理器、兼有信息检测和信息处理功能的传感器。其最大的特点就是将传感器检测信息的功能与微处理器的信息处理功能有机地融合在一起。

智能式传感器包括传感器的智能化和智能传感器两种主要形式。传感器的智能化是采用微处理器或微型计算机系统来扩展和提高传统传感器的功能，传感器与微处理器可为两个分立的功能单元，传感器的输出信号经放大调理和转换后由接口送入微处理器进行处理；它是借助于半导体技术将传感器部分与信号放大调理电路、接口电路和微处理器等制作在同一块芯片上，即形成大规模集成电路的智能传感器。例如，图 5-24 所示为 Honeywell 公司的 PPT 系列智能精密压力传感器。

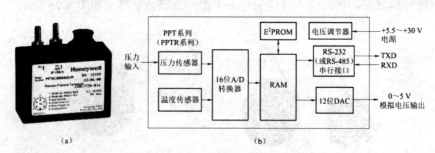

图 5-24　PPT 系列智能精密压力传感器

（a）实物；（b）内部电路框图

智能传感器具有自校准和自诊断功能，数据存储、逻辑判断和信息处理功能，组态功能与双向通信功能。智能传感器不仅能自动检测各种被测参数，还能进行自动调零、自动调平衡、自动校准，某些智能传感器还能进行自标定；智能传感器可对被测量进行信号调理或信号处理（包括对信号进行预处理、线性化，或对温度、静压力等参数进行自动补偿等）；在智能传感器系统中可设置多种模块化的硬件和软件，用户可通过微处理器发出指令，改变智能传感器的硬件模块和软件模块的组合状态，完成不同的测量功能。

智能传感器具有多功能、一体化、集成度高、体积小、适宜大批量生产、使用方便等优点，它是传感器发展的必然趋势，它的发展将取决于半导体集成化工艺水平的进步与提高。然而，目前广泛使用的智能式传感器，主要是通过传感器的智能化来实现的。

（五）微传感器

微传感器是尺寸微型化了的传感器，是利用集成电路工艺和微组装工艺将基于各种物理效应的机械、电子元器件集成在一个基片上的传感器。微传感器是微机电系统的重要组成部分。

微机电系统（Micro Electro Mechanical System，MEMS），是在微电子技术（半导体制造技术）的基础上发展起来的，它是由微传感器、微执行器、信号处理和控制电路、通信接口和电源等部件组成的微型器件或系统。MEMS 是融合了光刻、腐蚀、薄膜、LIGA、硅微加工、非硅微加工和精密机械加工等技术制作而成的高科技电子机械器件。

随着 MEMS 技术的迅速发展，作为微机电系统一个构成部分的微传感器也得到长足的发展。如图 5-25 所示的飞思卡尔三轴加速度传感器 MMA8451Q 与传统的传感器相比，这一微传感器具有体积质量小、成本低、功耗低、可靠性高、适于批量化生产、易于集成和实现智能化的特点。同时，微米量级的特征尺寸使得它可以完成某些传统机械传感器所不能实现的功能。

图 5-25　MEMS 三轴加速度传感器

微传感器涉及物理学、半导体、光学、电子工程、化学、材料工程、机械工程、医学、信息工程及生物工程等多种学科和工程技术，为智能系统、消费电子、可穿戴设备、智能家居、系统生物技术的合成生物学与微流控技术等领域开拓了广阔的空间。例如，在汽车内安装的微传感器已达上百个，用于传感气囊、压力、温度、湿度气体等情况，并已能进行智能控制。

第六章　电动机控制及其应用实践

第一节　电动机继电接触器控制概述

一、继电接触器控制的定义

三相异步电动机的启动、反向运行、速度变化等运行状态都是由开关、接触器、继电器等低压电器的触点及线圈等元件连接而成的电路所控制的，并通过控制电动机与电源的通断以及改变其接线方式来实现的，这种控制方式被称为继电接触器控制。

一般来说，继电接触器控制系统通常分为两个电路部分，即主电路与控制电路。主电路通过各种触点及保护装置与电动机直接相连；控制电路则由各种触点与继电器线圈、指示灯、蜂鸣器等耗能元件组成。如果对其进行更加细致的区分，有时也把整个控制电路细分成控制电路与辅助电路两部分。控制电路为人工操作端，通过简单操作，加之各种低压电器的配合，形成对主电路的控制，从而决定电动机的运行状态，如图 6-1 所示；辅助电路则可设置蜂鸣器、指示灯等电子元器件，对前两个电路进行上做指示。

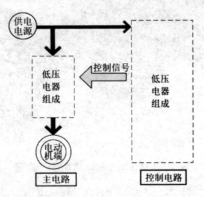

图 6-1　继电接触器控制系统的组成

二、工程实例——加热炉自动上料控制

在冶金工业中，加热炉是将物料或工件（一般是金属）加热到轧制或锻造温度的设备，它也普遍应用于石油、化上、冶金、机械、热处理、表面处理、建材、电子、材料、轻上、日化、制药等诸多行业领域中。

温度的提升需要燃料，现可利用多种低压电器设计一套可对加热炉炉门和送料小车实施自动控制的继电接触器控制线路。其具体控制要求如下：

（1）炉门开启和闭合由电动机 M1 驱动，送料小车前进与后退由电动机 M2 驱动。

（2）人工操作端配备启动和停止按钮各一个。

（3）操作人员按动启动按钮，炉门开启，小车载料前进；小车到达炉门卸料，并自动返回，炉门闭合。

（4）工作过程中，操作人员可随时按动停止按钮，如图 6-2 和图 6-3 所示。

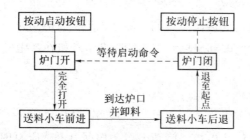

图 6-2　加热炉送料系统框图

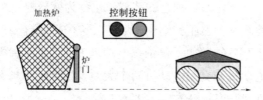

图 6-3　小车工作过程示意图

结合实例，加热炉送料系统继电接触器控制系统的电路设计如图 6-4 所示。

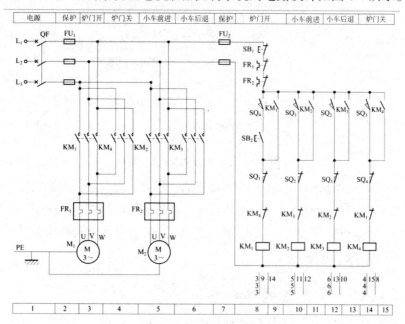

图 6-4　加热炉送料系统继电接触器控制系统的电路

第二节　三相交流异步电动机

电动机是一种将电能转化为机械能的电力拖动装置，就是人们俗称的"马达"。其广泛应用于各行各业，作为动力源用以驱动各类机械设备。随着生产自动化和智能生活水平的不断提升，电动机械的地位在人类社会中逐渐凸显，如果将各种机械结构比作四肢，传感器比作神经系统，中央处理器比作大脑，那么电动机就应当是心脏。大到力大无比的起重装备，小到孩子们手中的电动玩具，都不能离开电动机在其中发挥的作用。

一、电动机的分类

在生活中，电动机经常简称为"电机"，其实，从广义上讲"电机"是电能变换装置的总称，包括旋转电机和静止电机。旋转电机是根据电磁感应原理来实现电能与机械能之间相互转换的一种能量转换装置，包括电动机与发电机；静止电机则是根据电磁感应定律和磁势平衡原理来实现电压变化的一种电磁装置，也称为变压器。

就其中的电动机大类而言，可细分出不同类型的多个成员，它是一个复杂且庞大的"家族体系"。其分类方式多种多样，在此，仅依据电动机工作的电源种类来划分整个"家族"。首先可将其划分为直流电动机和交流电动机两个大类。根据适用场合、先进程度等因素的不同，这两种电动机又可展开多条分支，如图 6-5 所示。

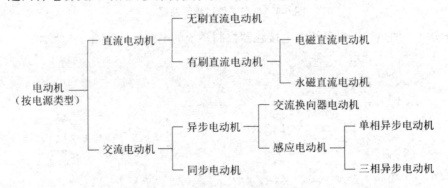

图 6-5　电动机按电源类型分类

在各种各样的电动机中，三相异步电动机的产量大、配套广、维护便捷，已成为工业生产上中小型电动机的主导力量，如各式机床、起重机、锻压机、传送带、铸造机械等均采用了三相异步电动机。因此，本章的重点是以三相交流异步电动机作为继电接触器系统的被控对象进行研究与安装。

二、三相交流异步电动机的构造

图 6-6 所示为一台三相交流异步电动机的组成结构，其前、后端盖，吊环，机座组成

了电动机的固定装置与外壳；风扇、风罩是电动机的散热部分；接线盒提供为电动机供电的电源引线；而电动机的核心组成部件则为定子部分（包括定子铁芯与定子绕组）和转子部分（包括转子铁芯与转子绕组）。

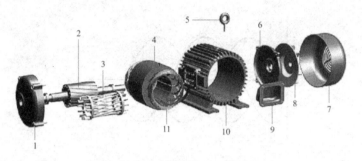

图 6-6　三相异步电动机的组成结构

1- 前端盖；2- 转子铁芯；3- 转绕组（鼠笼型）；4- 定子铁芯；5- 吊环；

6- 后端盖；7- 风罩；8- 风扇；9- 接线盒；10- 机座；11- 定子绕组

通过电动机外部的螺丝，可首先将风罩与风扇拆卸，进而拆解前、后端盖，这时电动机的定子与转子部分便能够看到。定子绕组通常以漆包线的形式缠绕于定子铁芯上，定子铁芯除用于固定绕组之外，也可以起到加强磁场的作用；而定子与转子之间的联系依靠两者之间的气隙，并无任何电气或机械连接。

转子绕组主要有两种形式，即鼠笼型和绕线型，如图 6-7 所示。鼠笼型绕组的结构简单、价格低廉、运行可靠、维护方便，但启动电流大、启动转矩小，适用于启动转矩小、转速无须调节的生产机械；绕线型绕组相对来说结构复杂、价格高、维护量较大，但其启动转矩要比鼠笼型的启动转矩更大，适用于启动负荷大、需要一定调速范围的场合。转子绕组、转子铁芯与转轴相互固定，组成电动机的旋转部分。

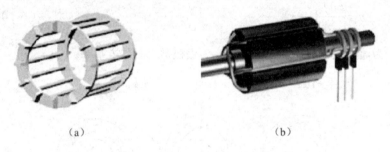

（a）　　　　　　　　　　　　　（b）

图 6-7　三相交流异步电动机的转子类型

（a）鼠笼型；（b）绕线型

三、三相交流异步电动机的工作原理

首先，电流除具有热效应外还具有磁效应。根据上述电动机的结构介绍，现将三相交流电通入电动机的定子绕组中。由于三相交流电随着时间的推移而不断变化，如图 6-8 所示，因此，在定子铁芯内部会产生旋转磁场，如同 U 形磁铁被一手柄控制做旋转运动，如图 6-9 所示。

此时，旋转磁场与转子发生"切割磁感线"的相对运动，闭合导体——转子绕组中进而产生感应电流。带电导体处于磁场中会受到磁场力的作用，因此，转子会被定子的旋转磁场驱动而旋转起来。

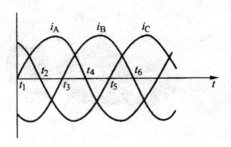

图 6-8　三相交流电的波形

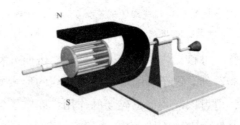

图 6-9　三相交流异步电动机的工作原理图示模型

如图 6-10 所示，通过三相交流异步电动机的原理分析知道，旋转磁场与转子之间必须永久地存在一个转速差，才能使上述过程得以存在和继续，通常将这样的转速差称为转差率，所以这样的电动机称为"异步"电动机。转差率用英文字母 s 表示，而转子的旋转速度可以用以下公式表示：

$$n = \frac{60f}{p}(1-s) \qquad\qquad (6-1)$$

式中，f 为通入电动机电源的频率；p 为磁极数；s 为转差率。

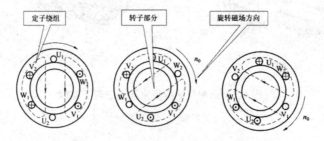

图 6-10　三相交流异步电动机的工作原理示意图

四、三相交流异步电动机的机械特性

机械特性是异步电动机的主要特性之一，它是指电动机在一定的工作条件下，转速 n 与电磁转矩 T_{em} 之间的关系，即：

$$n = f\left(T_{\text{em}}\right)$$

（一）机械特性曲线解读

图 6-11 所示为三相异步电动机的机械特性曲线。机械特性的曲线被 T_{M} 分成两个性质不同的区域，即图中的 AB 段和 BC 段。

当电动机启动时，只要启动转矩 T_{Q} 大于反抗转矩 T_{L}（T_{L} 包括摩擦力矩、惯性力矩、负载力矩等），电动机就能转动起来。电磁转矩 T_{em} 的变化沿曲线 BC 段运行。随着转速的上升，BC 段中的 T_{em} 一直增大，所以转子一直被加速。

越过 CB 段而进入 AB 段之后，随着转速的上升，电磁转矩 T_{em} 下降。当转速上升到某一定值时，电磁转矩 T_{em} 与反抗转矩 T_{L} 相等，此时，转速不再上升，电动机就稳定运行在 AB 段中，所以 BC 段称为不稳定区域，AB 段称为稳定区域。

电动机一般都工作在稳定区域 AB 段上，在这个区域里，当负载转矩变化时，异步电动机的转速变化不大，电动机转速随转矩的增加而略有下降，这种机械特性称为电动机的硬特性。三相交流异步电动机的这种硬特性特别适用于一般金属切削机床。

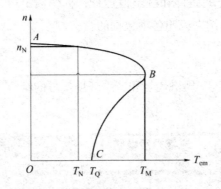

图 6-11　三相异步电动机的机械特性曲线

（二）电动机的三个重要转矩

1. 额定转矩 T_{E}

额定转矩是电动机在额定电压下，以额定转速运行输出额定功率时，其轴上输出的转矩。异步电动机的额定工作点通常大约在机械特性曲线稳定区域的中部。为了避免电动机出现过热现象，一般不允许电动机在超过额定转矩的情况下长期运行，但允许其短期过载运行。

2. 最大转矩 T_{M}

电动机转矩的最大值称为最大转矩，它是电动机能够提供的极限转矩，由于它是机械特性上稳定区和不稳定区的分界点（即 B 点），故电动机运行中的机械负载不可超过最大转矩，否则电动机的转速将会越来越低，很快导致堵转停机。异步电动机堵转时电流最大，一般可达到额定电流的 4~7 倍，这样大的电流如果长时间通过定子绕组，会使电动机过热，以至烧毁。因此，异步电动机在运行时应注意避免出现堵转。一旦出现堵转应立即切断电源，并卸掉过重的负载。

为了描述电动机允许的瞬间过载能力，通常用最大转矩与额定转矩的比值 T_M/T_E 来表示，称为过载系数 λ，即 $\lambda=T_M/T_E$，通常取 $\lambda=1.8\sim2.5$。

3. 启动转矩 T_Q

电动机刚接入电源但尚未转动时的转矩称为启动转矩。如果启动转矩小于负载转矩，则电动机不能启动，与堵转情况类似。当启动转矩大于负载转矩时，电动机沿着机械特性曲线很快进入稳定运行状态。

异步电动机的启动能力通常用启动转矩与额定转矩的比值，即 $\lambda_Q=T_Q/T_E$ 来表示，通常取 $\lambda_Q=0.9\sim1.8$。

五、识读三相异步电动机的铭牌

每台电动机的机座上都会有一个铭牌，它标记着电动机的型号、各种额定值和连接方法等。按电动机铭牌所规定的条件和额定值运行，称作额定运行状态。以下以图 6-12 所示的三相异步电动机铭牌为例来说明各项数据的含义。

（一）型号部分

型号是电动机的产品代号、规格代号和特殊环境代号的组合。如示例中的"Y315M-4"，其具体解释如图 6-13 所示。

图 6-12 三相异步电动机铭牌示例

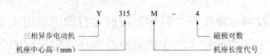

图 6-13 电动机型号的各组成部分及其代表含义

1. 产品代号

示例中的"Y"为产品代号，一般采用大写印刷体的汉语拼音字母组合，它是根据电动机的全名，选择有代表意义的汉字，再用该汉字的第一个拼音字母组成。因此，电动机铭牌所标示的电动机型号，最前端的字母组合仅作产品代号之用。其表明了电动机的类型、结构特征和使用范围等内容。由于异步电动机应用范围广泛，种类众多，表 6-1 所示只列举了几种常用新系列的异步电动机产品的代号及汉字意义以供参考。需要指出的是，如果在产品代号后出现阿拉伯数字并用"-"与后面的规格代号进行间隔，那么，此阿拉伯数字标明该电动机是在原产品之上进行改进或改型的产品，如示例中的"Y315M-4"经过改型后就应该将型号标示为"Y2-315M-4"。

表6-1　常用新系列的异步电动机产品的代号及汉字意义

产品名称	代号	汉字意义
异步电动机	Y	异
绕线式异步电动机	YR	异绕
高启动转矩异步电动机	YQ	异启
多速异步电动机	YD	异多
精密机床异步电动机	YJ	异精
大型绕线式高速异步电动机	YRK	异绕快

此外，目前我国已投入使用的异步电动机有老系列和新系列之别。而老系列的电动机已不再生产，将逐步被新系列电动机所取代。所以此处不对老系列电动机的产品代号作解释。

2. 规格代号

"315M-4"为规格代号，315为机座中心高度，是指卧式电动机的轴线到电动机底座安装面的垂直距离，单位为毫米（mm），如图6-14所示。

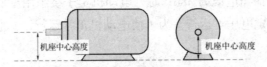

机座中心高度　　　机座中心高度

图6-14　电动机机座中心高度

M为机座长度代号，分为S——短机座、M——中机座、L——长机座三种。机座长度可以理解为电动机定了铁芯的长度，一般来说，在其他参数相同的情况下，机座长度越长，其功率也会相应提升。

最后的阿拉伯数字"4"为该电动机的磁极数，三相交流电动机的每组线圈都会产生N、S磁极，每个电动机每相含有的磁极个数就是极数。由于磁极是成对出现的，所以电动机有2、4、6、8、……极之分。如果该电动机的磁极对数是可以改变的，会在此处出现两个磁极数，并以"\"相间隔，如"2\4"。

3. 特殊环境代号

一般生产生活环境中所使用的电动机型号表示到"磁极对数"一项为止，但某些电动机需在特殊环境下运行，这时，标示型号在最后还会多出一个组成部分，即特殊环境代号，如表6-2所示。

表 6-2　特殊环境代号

特殊环境	高原环境	船载环境	化工腐蚀	热带	湿热带	干热带	户外
相应代号	G	H	F	T	TH	TA	W

（二）额定值部分

1. 额定功率 P

额定功率是指电动机在额定状态下运行时其轴上所输出的机械功率，单位为瓦（W）或者千瓦（kW）。如示例中的"132kW"，表明该电动机能够拖动 132kW 的负载运动。如果电动机的功率小于负载的功率，则电动机处于过载运行状态；如果电动机的功率大于负载的功率，则可能不能充分发挥其作用，造成电能和经济上的浪费。所以电动机与负载在功率上要相互匹配。

2. 电动机的质量

电动机的质量在电动机选型时是一项应该考虑的参数，如示例中的"928kg"。

3. 额定电压

额定电压是指电动机在额定运行状态时，定子绕组应加载的线电压，单位为伏（V）。某些电动机的铭牌标示出两个电压值，分别对应于定子绕组三角形和星形两种不同的连接方式。如某名牌上此处标示为"△/Y220V/380V"时，表明当电压为 220V 时，电动机定子绕组用三角形连接；而当电源为 380V 时，电动机定子绕组用星形连接。两种方式都能保证每相定子绕组在额定电压下运行。为了使电动机正常运行，一般规定电源电压波动不应超过额定值的 5%。

4. 额定电流

额定电流是指电动机在额定电压下运行其输出功率达到额定值时，流入定子绕组的线电流，单位为安培（A）。

5. 额定频率

额定频率是指加载在电动机定子绕组上的允许电能频率，单位为赫兹（Hz）。目前我国电网的交流供电频率为 50Hz。

6. 额定转速

额定转速是指电动机在额定电压、额定频率和额定负载下电动机输出的转速，即满载时的转速，故又称满载转速，用符号"n"表示，单位为"转/分"（r/min）。定子旋转磁场的转速与额定转速相差不大，通常将定子旋转磁场的转速称为同步转速。同步转速可通过以下公式计算得出，即：

$$n(额定转速) = \frac{60 \times 50(电源频率)}{p(磁极数)} \qquad (6\text{-}2)$$

如示例中的这台电动机，磁极数为 4，磁极对数为 2，因此通过式（6-2）可计算出同步转速为 1500r/min。实际标示的额定转速为 1485r/min，相差不是很大。

此外，在实际的应用过程中，如果其所带动的不是额定负载或者供电电压波动，这时电动机的转速与额定转速有所偏差，称之为电动机的实际转速。在实际使用中，对电动机的额定转速、同步转速和实际转速都应当了解。

7. 接线方法

接线方法是指电动机三相绕组的接法。一般笼型电动机的接线盒有六根线引出，分别标以 U_1、V_1、W_1、U_2、V_2、W_2，其中，U_1、U_2 是第一相。

如示例中的这台电动机已明示出是三角形接线，并标示出每相绕组的连接顺序。

（三）其他相关参数部分

1. 噪声等级

L_w 是电动机运行时的声音大小，以单位 dB 作为衡量标准，示例中为 101dB。

2. 定额

按电动机在额定运行状态下的持续时间，定额可分为连续运行——S_1、短时运行——S_2 及断续运行——S_3 三种。"连续运行"表示该电动机可以按铭牌的各项定额长期运行；"短时运行"表示只能按照铭牌规定的工作时间短时使用；"断续运行"表示该电动机应当短时运行，但每次周期性断续使用。示例中的电动机为 S_1，可做连续运行。

3. 防护等级

防护等级是用来提示电动机防止杂物与水进入的能力。它是由外壳防护标志字母 IP 后跟两位具有特定含义的数字代码进行标示的。如示例中电动机的防护等级为 IP44，其详细含义如表 6-3 所示。

表 6-3　防护等级数字的详细含义

防护等级 第一位数字	详细含义	防护等级 第二位数字	详细含义
0	有专门的防护装置	0	无防护
1	防止直径大于 50mm 的固体进入	1	防滴水
2	防止直径大于 12mm 的固体进入	2	15° 滴水
3	防止直径大于 25mm 的固体进入	3	方淋水
4	防止直径大于 1mm 的固体进入	4	防止任何方向溅水
5	防尘	5	防止任何方向喷水
6	完全防止灰尘进入壳内	6	防止海浪或强力喷水
		7	浸水级
		8	潜水级

4. 绝缘等级

绝缘等级是指电动机内部所有绝缘材料所允许的最高温度等级，它决定了电动机工作时允许的温升（温升是指电气设备中的各个部件高出环境的温度）。各种等级所对应温度的关系如表 6-4 所示。

表 6-4　电动机绝缘等级与温度的对应关系（℃）

绝缘耐热等级	A	E	B	F	H	C
允许最高温度	105	120	130	155	180	180 以上
允许最高温升	65	80	90	115	140	140 以上

5. 标准编号

电动机的铭牌所标示的各项参数会根据电动机种类的不同而执行不同的参数内容标准。如示例中的这台电动机所执行的"JB/T10391—2002"标准，需标示上述所有参数及未展开介绍的生产日期、制造商名、名称和编号等信息。因此，每台电动机铭牌参数的内容会有所差别，还需在实际的使用或施工过程中灵活掌握并注意积累。

六、三相异步电动机的接线

通过学习三相异步电动机的组成结构，了解了三相交流电通入到三相异步电动机的定子绕组中，这三个绕组彼此独立，且每个绕组都由若干线圈连接而成。所以每个绕组即为一相，在空间上互差 120° 的电角度。每相绕组都具有首端和尾端，通常用英文大写字母 U、V、W 表示，如图 6-15 所示。所以，电动机一般有六条线从内部引出，可在外部选择连接电动机绕组的接线方式或用作其他用途。从绕组接线来看，一般有两种方式，即星形接法和三角形接法。将三个绕组的其中一端短接即为星形接法；而将三个绕组首末端顺次连接就是三角形接法，如图 6-16 所示。

在电动机外部的接线盒中，六条出线会以六个接线柱的形式出现。电动机出厂时，生产厂家已按照该电动机的固定接线方式（Y/△）用导电良好的金属片将相应接线柱连接起来，如图 6-17 所示。其中，星形接法使用两片水平金属片，三角形接法使用三个竖直金属片。

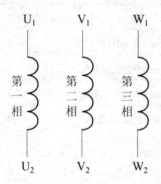

图 6-15　三相绕组

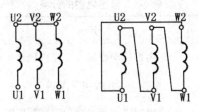

图 6-16　三相绕组的连接方式

（a）星形接法；（b）三角形接法

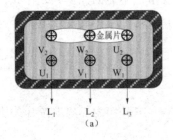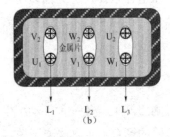

图 6-17　电动机接线盒的连接方式

（a）星形接法；（b）三角形接法

　　一台电动机是接成星形还是三角形，应以厂家的规定为准，查询机座铭牌。而且，三相绕组的首端与末端是制造厂商设定好的，决不能任意颠倒，如 U_1 和 U_2，虽为一相绕组，但颠倒之后，与其他相正确顺序的联合工作中便会产生接线错误，轻则使电动机不能正常启动，长时间发热，影响寿命；重则直接烧毁电动机或者造成电源短路。

　　电动机在星形接法时电流较小，功率较低；而三角形接法虽使功率得到了提升，但电流较大，尤其在启动过程中，其电流值可升至额定电流的 6~7 倍。所以，工业生产中经常采用 Y-△连接切换的方式对电动机实施降压启动，以减少启动电流对电动机的危害，同时又可得到所需的工作效率。

第三节　常用低压电器

　　首先，低压电器是一种能根据外界的信号和要求手动或自动地接通、断开电路，以实现对电路或非电对象的切换、控制、保护、检测、变换和调节的元件或设备。以交流1200V、直流 1500V 为界，可将其划分为高压电器和低压电器两大类。一般来讲，在工业、农业、交通、国防以及民用电等领域中，大多数采用低压供电。因此，低压电器成了继电接触器系统中电路组成的主要部件。

　　低压电器的种类众多，划分原则也不尽相同，在此只按照动作方式和实际电路功能对其进行简单分类，并形成对低压电器的初步认知，如表 6-5 所示。

表 6-5　低压电器的分类

分类方式	类别	定义	电器举例
按动作方式分	手动电器	电器的动作靠人工直接操作	按钮、刀开关
	自动电器	电器的动作靠电学量进行控制	交流接触器、热继电器
按电路功能分	控制电器	在电路中起到电路功能控制作用	按钮、交流接触器
	配电电器	在电路中起到配电或保护电路的作用	刀开关、热继电器

由于每种低压电器具体可分为诸多型号和规格，不能面面俱到，在此，主要以德力西品牌的低压电器作为讲解和展示的对象，着重介绍几种常用的低压电器，为后续学习的内容奠定基础。

一、刀开关

刀开关又称闸刀开关，是一种手动配电电器，主要作为隔离电源开关使用，用在不频繁接通和分断电路的场合，也称隔离开关。

（一）刀开关的类型

刀开关主要包括大电流刀开关、负荷开关、熔断器式刀开关三种。其实物如图 6-18 所示。按照触刀极数可将其分为单极式、双极式和三极式三种；按照转换方式可将其分为单投式和双投式两种；按操作方式可将其分为手柄直接操作和杠杆联动操作两种。

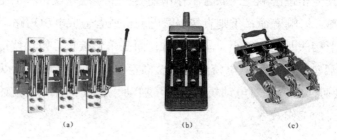

(a)　　　　　　　　　(b)　　　　　　　　　(c)

图 6-18　刀开关的主要类型

（a）大电流刀开关；（b）开启式负荷开关；（c）熔断器式刀开关

其中，大电流刀开关是一种新型电动操作开关，它适用于电源频率为 50Hz、交流电压至 1000V、直流电压至 1200V、额定工作电流高达 6000A 的电力线路中，作为无负载或隔离之用。

负荷开关包括开启式负荷开关和封闭式负荷开关两种。开启式负荷开关就是俗称的胶盖磁底开关，一般作为电气照明电路、电热电路及小容量电动机的不频繁带负载操作的控制开关，也可作为分支线路的配电开关等。

封闭式负荷开关俗称铁壳开关，一般用于电力排灌、电热器及照明等设备当中，也可用于不频繁接通和分断全电压启动 15kW 以下的异步电动机。它的铸铁壳内装有由刀片和夹座组成的触点系统、熔断器和速断弹簧，30A 以上的封闭式负荷开关还装有灭弧罩。因此，铁壳开关除具有控制作用外，也对电路起到防止过载、短路的保护作用。

熔断器式刀开关用于电源频率为 50Hz，电压至 660V 的配电电路和电动机线路中，作为电动机的保护、电源开关，隔离开关或应急开关使用，一般不用于直接通、断电动机。

单投式与双投式刀开关是针对刀开关的动作方式而言的，它们的结构功能分别类似于单极开关和单刀双掷开关，使用中切勿与单极式和双极式刀开关混淆，如图 6-19 所示。

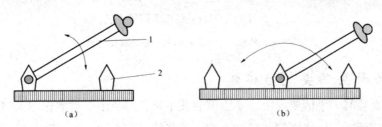

图 6-19　刀开关

（a）单投式；（b）双投式

1- 触刀；2- 静触点

另外，从图 6-18（a）和（b）中分别可见中央杠杆联动操作机构式和中央手柄直接操作式两种外部操作类型。杠杆操作机构式更为安全和省力，但其结构相较于中央手柄直接操作式复杂，不便于维修。

单极式、双极式、三极式的刀开关用于不同相数的线路中，具体可见下文所述的刀开关电气符号。

（二）刀开关的型号识别

刀开关的型号表不含义如图 6-20 所示。例如某刀开关的型号为 HS13BX-400/31，可理解为此刀开关的内部动作方式为双投式，设计为中央杠杆操作机构式，带有 BX 旋转手柄，额定发热电流为 400A，极数为三极，并配有灭弧装置。

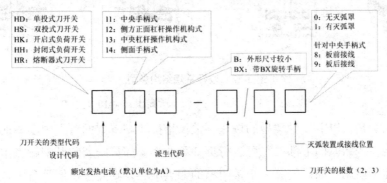

图 6-20　刀开关的型号表示含义

（三）刀开关的电气符号

如图 6-21 所示，刀开关用英文大写字母 QS 表示，它分为三个类型，以适应不同的电路功能。

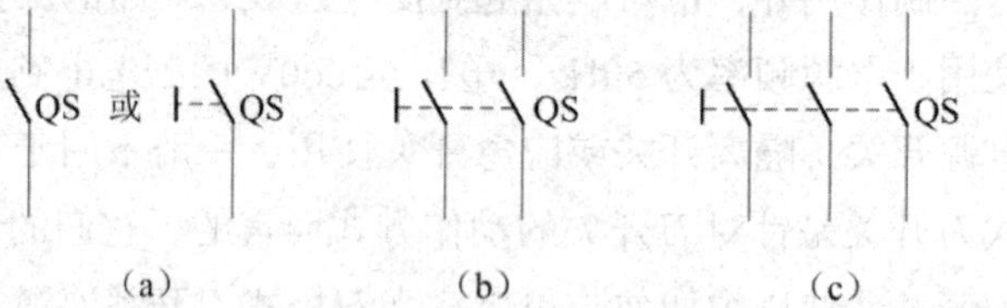

图 6-21 刀开关的电气符号

（a）单极；（b）双极；（c）三极

（四）刀开关的安装与接线

刀开关在女装时，手柄要向上，不得倒装或平装，避免由于重力作用而自动下落，引起误动合闸。接线时，应将电源线接在上端，负载线接在下端，这样断开后，刀开关的触刀与电源隔离，既便于更换熔丝，又可防止可能发生的意外事故。

二、按钮开关

按钮开关是一种用来接通或分断小电流电路的手动控制电器。在控制电路中，通过它发出"指令"，控制接触器和继电器等，再由它们去控制主电路的通断。

（一）按钮开关的主要类型

按钮开关一般由按钮帽、复位弹簧、常开触点、常闭触点、接线柱、安装机构等组成。因此，从按钮开关的内部结构来看，按钮开关一般分成常开型、常闭型和复合型三类，如图 6-22 所示。

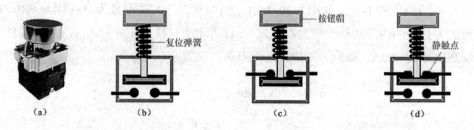

图 6-22 按钮常规结构类型

（a）实物；（b）常开型；（c）常闭型；（d）复合型

应当指出的是，以上三种类型的按钮开关仅指按钮帽下方的触点中心，而触点中心是通过螺丝固定在按钮帽的下部的，可进行拆卸和变换。如只安装常开型触点中心，则此按钮帽常开功能可使用；如再安装一个常闭型的触点中心，则此按钮便具备了常开、常闭和复合按钮三种功能。但是，如此组合的"复合按钮"会在动作时表现出一定的"时间差"，而整体式的复合型触点中心则能避免这一现象，也是真正意义上的复合按钮，如图 6-23 所示。

（a）　　　　　　　（b）　　　　　　　（c）　　　　　　　（d）

图 6-23　各种类型的按钮开关触点中心

（a）常开按钮触点中心；（b）常闭按钮触点中心；

（c）组合式复合按钮中心；（d）整体式复合按钮触点中心

其实，如考虑按钮开关的使用环境和特殊功能，其在上述分类的基础之上还可分出更多的种类。常用的有 LA2、LA4、LA18、LA19、LA20、LA38 等系列。如 LA18 系列按钮是积

木式结构，其触点数目可根据需要灵活拼装；其结构形式有揿按式、紧急式、钥匙式和旋钮式。LA19 系列在按钮内直接装有信号灯，除作为控制电路的主令电器使用外，还可作为信号指示灯使用。这些按钮的扩展功能多，环境适应能力强，但也都是以最基本的三种按钮开关类型为基础，进行改造、拼装或封装而成的。

（二）按钮开关的型号识别

在选用按钮时，应根据使用场合、被控电路所需触点的数目及按钮的颜色等因素综合考虑，这就要求必须知道各种按钮开关的型号及意义，如图 6-24 所示。

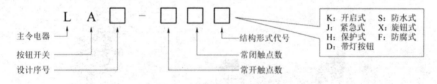

图 6-24　按钮开关型号的表示含义

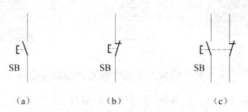

（a）　　　　　　　（b）　　　　　　　（c）

图 6-25　按钮开关的电气符号

（a）常开触点；（b）常闭触点；（c）复合触点

（三）按钮开关的电气符号

按钮开关在电气原理图中用英文大写字母 SB 表示。其电气符号如图 6-25 所示。需要注意的是，按钮开关在电气原理图中用阿拉伯数字区分按钮帽的数量，如 SB_1、SB_2 等，每一个不同的数字标号是在提示施工人员整幅图中按钮帽的数量，不要简单地理解为按钮中心的数量。如电气原理图中有两个按钮开关都用 SB_1 表示，表明此为复合按钮或两触点中心受到一个按钮帽的控制。

（四）按钮开关的安装及接线

按钮开关在安装时，最好先测试其好坏，对于触点中心的好坏，使用万用表操作即可，查看是否有按动后无法正确动作的情况出现。由于按钮触点之间的距离较小，所以应注意保持触点及导电部分的清洁，防止触点间短路或漏电。由于最终端且最简单的操作部件的损坏而影响了整个电路的工作就得不偿失了。

接线时，应根据不同类型的接线柱灵活掌握与导线的连接，如不按照规范接线，很可能发生接触不良或打火现象。

三、转换开关

转换开关也称组合开关，是一种可供两路或两路以上的电源或负载转换用的开关电器。转换开关由多节触头组合而成，在电气设备中，多用于非频繁地接通和分断电路，接通电源和负载，测量三相电压以及控制小容量异步电动机的正反转和 Y- △降压启动等。与刀开关的操作相比，它是左右旋转的平面操作。

（一）转换开关的内部结构

转换开关的接触系统是由数个装嵌在绝缘壳体内的静触头座和可动支架中的动触头构成。动触头是双断点对接式的触桥，在附有手柄的转轴上，随转轴旋至不同位置使电路接通或断开，如图 6-26 所示。

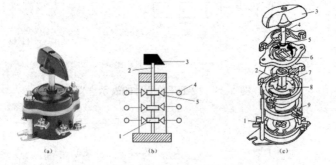

图 6-26 转换开关的实物及内部组成结构

（a）实物；（b）结构示意：1- 动触点；2- 转轴；3- 手柄；4- 接线柱；5- 静触点；（c）内部结构：1- 接线柱；2- 绝缘杆；3- 手柄；4- 转轴；5- 弹簧；6- 凸轮；7- 绝缘垫板；8- 动触片；9- 静触片

它的内部有三对静触点，分别用三层绝缘板隔开，各自附有连接线路的接线柱。三个动触点相互绝缘，并与各自的静触点相对应，套在共同的绝缘杆上。绝缘杆的一端装有操作手柄。转动手柄，即可完成三组触点之间的开合或切换。开关内装有速断弹簧，以提高触点的分断速度。转换开关有单极、双极、三极和四极之分。

（二）转换开关的型号识别及电气符号

转换开关的型号表示含义如图 6-27 所示。在电气原理图中，组合开关用英文大写字母 SA 表示，如图 6-28 所示。

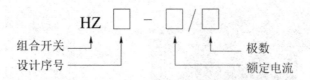

图 6-27　转换开关的型号表示含义

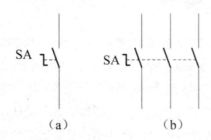

（a）　　　　　　　　（b）

图 6-28　转换开关的电气符号

（a）单极；（b）三极

四、热继电器

电动机在运行过程中若过载时间长，过载电流大，电动机绕组的温升就会超过允许值，使电动机绕组绝缘老化，缩短电动机的使用寿命，严重时甚至会使电动机绕组烧毁。因此，电动机在长期运行中，需要对其提供过载保护装置。热继电器能利用电流的热效应原理在电动机过载时切断电源，对电动机产生有效的保护。

（一）热继电器的分类

热继电器按动作方式分为双金属片式、热敏电阻式和易熔合金式三种。其中，双金属片式热继电器是利用双金属片受热弯曲去推动执行机构动作。这种继电器因结构简单、体积小、成本低、反时限特性（限流越大越容易动作，经过较短的时间就开始工作）良好等优点被广泛地应用。其实物如图 6-29 所示。

图 6-30 所示为热继电器的内部结构，A、B、C 三个双金属片是由两种热膨胀系数不同的金属片用机械碾压而成。膨胀系数大的称为主动层，膨胀系数小的称为被动层，在金属片上缠绕有电阻丝，其组成了热继电器的热元件，是热继电器的热量感测环节。其串联在电动机的三相供电线路中，电动机正常工作时，热继电器不动作。当电动机过载时，流过热元件的电流增大，经过一定时间后，双金属片弯曲（图中向左），推动杠杆平移，补偿双金属片被压动，推杆驱动弓簧，弓簧连带动触点发生动作，则此时静触点打开，动触点与复位调节螺丝上的触点接触，即实现电动机过载时，常开触点闭合而常闭触点断开，通过控制电路的控制使电动机停机。

 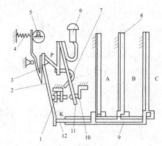

图 6-29　JR36 系列热继电器实物　　　6-30　热继电器内部结构

1- 复位调节螺丝；2- 补偿双金属片；3- 推杆；4- 压簧；5- 整定电流调节凸轮；6- 复位按钮；

7- 弓簧；8- 双金属片；9- 导板；10- 常闭静触点；11- 动触点；12- 杠朴

以上展示的是三极热继电器。其实热继电器按极数分类还应包括单极和双极两种。在对三相电动机实施保护的过程中，电动机断相运行是烧毁电动机的主要原因之一，因此要求热继电器还应具备断相保护功能，所以三极的热继电器又有带断相保护装置和不带断相保护装置之分。

（二）热继电器的重要参数

热继电器的主要技术参数包括额定电压、额定电流、相数、热元件编号及整定电流调节枢围等。

额定电压是指热继电器能够正常工作的最高电压值，一般为交流 220V、380V、600V。额定电流是指热继电器不动作时的最高电流上限，在选取热继电器时要严格遵循所使用电动机的额定电流，如电动机的额定电流超过了热继电器的额定电流，热继电器则会误动作；如电动机的额定电流比热继电器的额定电流小很多，那么即使电动机过载，热继电器也不会动作。但这也需要考虑到热继电器另一个十分重要的参数，即整定电流的调节范围。

热继电器的整定电流是指长期通过发热元件而不致使热继电器动作的最大电流。整定电流的设定在热继电器的调节旋钮上具有一定的调整范围。一般在使用时，主要需知道所使用电动机的额定电流大小，在热继电器整定电流的范围之内，将整定电流设置成电动机额定电流的 1~1.05 倍。在电动机运行过程中，如出现过载的现象，且电流值超过整定电流的 20% 时，热继电器应当在 20min 之内动作，实施保护。整定电流的默认单位为安培。

由于热继电器是通过热量感知而进行动作的，因此具有一定的热惯性。即使通过发热元件的电流短时间内超过整定电流的数倍，热继电器也不会立即动作，这样的现象可恰当地应用于电动机的启动过程中，即使电流很大，但时间很短，热继电器不动作才使得电动机能够顺利启动。

（三）热继电器的型号识别

热继电器的型号表示含义如图 6-31 所示。

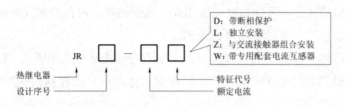

图 6-31　热继电器的型号表示含义

（四）热继电器的电气符号

热继电器在电气原理图中用英文大写字母 FR 表示，通常包括热元件、常开触点和常闭触点三个部分，三部分应独立示出，且允许将三个部分绘制于电路的不同位置，如图 6-32 所示。

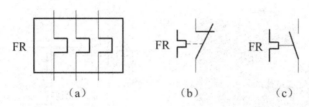

图 6-32　热继电器的电气符号

（a）热元件；（b）常闭触点；（c）常开触点

（五）热继电器的安装与接线

热继电器在继电接触器的系统电路中安装时，一般其热元件应串行于主电路，而常闭触点应串行于控制电路中。当热继电器动作时，常闭触点断开，控制电路断电，进而使主电路断电，电动机停机。

热继电器与其他电器组合安装时一般应位于其他电器的下方，这样可避免其他电器的发热对热继电器的动作产生影响。

此外，由于热继电器的型号众多，其安装或接线的注意事项必须严格参照产品说明书执行。

五、自动空气开关

自动空气开关也称为空气断路器，可实现短路、过载、欠压保护；可用来接通和断开负载电路或控制不频繁启动的电动机。它的功能相当于刀开关、过流继电器、失压继电器、热继电器及漏电保护器等电器的功能总和。此外，自动空气开关动作值可调、分段能力高、操作方便安全，因而被工业生产及日常生活广泛采用。

（一）自动空气开关的分类

在生活中，自动空气开关最明显的分类方式是按极数区分，有单极、双极、三极三种。单极和双极经常用于单相电路中，而三极一般存在于三相电的控制线路中。

其次，按脱扣形式分，可分为电磁脱扣式、热脱扣式、混合脱扣式及无脱扣式。其中，以混合脱扣式自动空气开关的应用最为普遍。

按分断时间可将其分为一般式和快速式；按结构形式又分为塑壳式、框架式、限流式、直流快速式、灭磁式和漏电保护式。其中，在电力拖动和自动控制的线路中，一般应用塑壳式自动空气开关。

因此，基于本章所涉及的电路功能结构，下文着重介绍混合脱扣式、塑壳封装的三极自动空气开关，如图9-33所示。

图9-34所示为自动空气开关的内部结构。当电路正常工作时，各部件状态如图中所示。当其中某相电流超过规定值较多时（如短路），电磁脱扣器的电磁吸力增加，吸附衔铁向上，衔铁抬起杠杆，使锁扣打开，传动杆便在弹簧的拉力下移动，致使三触点断开。

 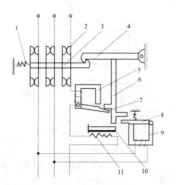

图6-33　自动空气开关　　图9-34　自动空气开关的内部结构

1- 弹簧；2- 主触点；3- 传动杆；4- 锁扣；5- 电磁脱扣器；6- 杠杆；

7，8- 衔铁；9- 欠压脱扣器；10- 双金属片；11- 发热元件

当供电线路欠压时，欠压脱扣器的电磁吸力下降。在弹簧的拉力下，衔铁向上并推动杠杆运动，最终也会导致触点断开。当电动机过载时，双金属片感受发热元件的热量，并向上弯曲，推动杠杆，使自动空气开关动作。

（二）自动空气开关的重要参数

自动空气开关的重要参数包括额定电压、额定电流、极限通断能力、分断时间、各种脱扣器的整定电压、电流等。额定电压和额定电流的设计应大于或等于线路的额定电压和额定电流，通常使用的380V线路中的自动空气开关，其耐压等级大约为440V。热脱扣器的整定电流应当等于所控制负载的额定电流。电磁脱扣器的瞬时脱扣整定电流应大于或等于负载电路正常工作时的峰值电流。自动空气开关欠电压脱扣器的额定电压应等于线路的额定电压。

通断能力是指断路器在规定的电压、频率以及规定的线路参数（交流电路为功率因数，直流电路为时间常数）下，能够分断的最大短路电流值。自动空气开关的极限通断能力应大于或等于电路的最大短路电流。

分断时间是指断路器切断故障电流所需的时间。

（三）自动空气开关的型号识别与电气符号

自动空气开关的型号较多，这里只针对多应用于电力拖动和自动控制线路中的塑壳式自动空气开关的型号表示含义进行展示；其电气符号用英文大写字母 QF 表示，如图 6-35 所示。

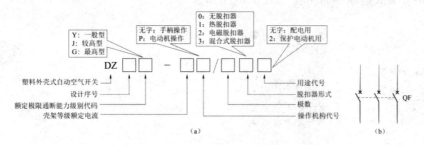

图 6-35 自动空气开关的型号表示含义及电气符号

（a）型号表示含义；（b）电气符号

（四）自动空气开关的安装与接线

对于三极自动空气开关，首先需进行正方位安装，即向上抬起触头闭合，动作或关闭时手柄向下。自动空气开关上方为电源，下方为其他控制电器。

六、熔断器

熔断器是指当电流超过规定值时，其自身产生的热量使熔体熔断，从而使电路断开的一种保护电器。其广泛应用于高低压配电系统和控制系统以及用电设备中，作为短路和过电流的保护器，是应用最普遍的保护器件之一。其工作原理类似于之前家庭配电线路中所使用的保险丝。

（一）熔断器的类型

熔断器主要有螺旋式熔断器、封闭式熔断器、快速式熔断器、插入式熔断器等类型。

螺旋式熔断器熔体上的上端盖有一熔断指示器，一旦熔体熔断，指示器马上弹出，可透过瓷帽上的玻璃孔观察到，它常用于机床的电气控制设备中。它的分断电流较大，可用于电压等级为 500V 及其以下、电流等级为 200A 以下的电路中。

封闭式熔断器分为有填料熔断器和无填料熔断器两种，有填料熔断器一般在方形瓷管中装入石英砂及熔体，其分断能力强，用于电压等级为 500V 以下、电流等级为 1kA 以下的电路中。无填料封闭式熔断器将熔体装入密闭式圆筒中，其分断能力稍小，用于电压等级为 500V 以下，电流等级为 600A 以下的电力网或配电设备中。

快速式熔断器主要用于半导体整流元件或整流装置的短路保护。由于半导体元件的过载能力很低，只能在极短的时间内承受较大的过载电流，因此，要求短路保护具有快速熔断的能力。

自复熔断器采用金属钠做熔体，在常温下具备较高的电导率。当电路发生短路故障时，短路电流产生高温能使钠迅速汽化，汽态钠呈现高阻态，从而限制了短路电流。当短路电流消失后，温度下降，金属钠恢复原来的良好导电性能。自复熔断器只能限制短路电流，不能真正分断电路。但它不必更换熔体，能重复使用。

插入式熔断器常用于 380V 及以下电压等级的线路末端，作为配电支线或电气设备的短路保护用。各式熔断器的实物如图 6-36 所示。

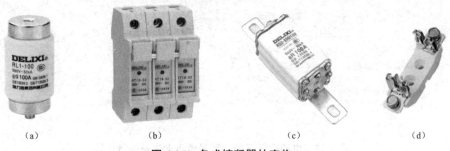

（a）　　　　　　　（b）　　　　　　　（c）　　　　　　　（d）

图 6-36　各式熔断器的实物

（a）螺旋式；（b）封闭式；（c）快速式；（d）插入式

（二）熔断器的重要参数

熔断器的重要参数包括额定电压、额定电流、极限分断能力。

额定电压是指熔断器长期工作时和分断后能够耐受的电压等级，其量值一般等于或大于电器设备的额定电压。

额定电流分为熔体额定电流和熔断器额定电流，是指熔体或熔断器能长期通过的电流。其中若线路中的电流等级达到熔体额定电流时，熔体不至于熔断，超过其额定电流时则按照一定的时间范围断开线路，短路电流的速度最快。一般来讲，一个额定电流等级的熔断器可以配用多个额定电流等级的熔体，但熔体的额定电流不能大于熔断器的额定电流，否则会损坏熔断器。

极限分断能力是指熔断器在额定电压下能断开的最大短路电流，即在分断过程中不会发生任何不安全的因素，如持续拉弧、多次导通、破碎、飞溅，乃至于爆炸，这些状况的发生不仅会直接损毁熔断器，还可能造成人员或设备的极大伤害。

（三）熔断器的型号识别与电气符号

熔断器的型号表示含义及电气符号如图 6-37 所示，在电气原理图中熔断器用英文大写字母 FU 表示。

（a）　　　　　　　　　　　　　　　　　　　　　　　　　（b）

图 6-37　熔断器的型号表示含义及电气符号

（a）型号表示含义；（b）电气符号

（四）熔断器的安装与选型

熔断器在进行熔体更换或安装新熔断器时，应注意熔断器的选型。如果线路用来驱动电动机则要严格参照电动机的额定电流选择相应的熔体额定电流。如驱动单台电动机，熔体的额定电流需为电动机额定电流的 2.5~3.5 倍；驱动多台电动机则要计算所有电动机额定电流的总和；如电动机为降压启动，则熔体额定电流也至少要在电动机额定电流的 3.2~3.5 倍。熔断器安装的位置应注意保证足够的电气距离和安装距离，以方便更换熔体。

七、交流接触器

接触器是通过电磁机构的动作自动频繁地接通和分断交、直流电路的电器，并可实现远距离操纵。其控制容量大且具有失电压保护功能，所以在诸如电力拖动、自动控制等工厂电气设备中应用非常广泛。按其主触点通过电流种类的不同，可将其分为交流接触器和直流接触器。交流接触器按工作原理的不同又可以分为电磁式、永磁式和真空式等。其中，尤以电磁式交流接触器的应用范围最广。在此，只针对电磁式交流接触器进行介绍。

（一）交流接触器的组成结构及工作原理

从内部结构来看，交流接触器主要由电磁系统、触头系统、灭弧装置等部分组成。其实物和内部结构如图 6-38 所示。

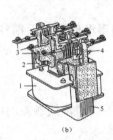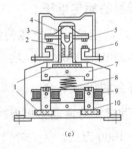

图 6-38　交流接触器的实物及内部结构

（a）实物；（b）内部结构：1- 线圈；2- 动铁芯；3- 主触点；4- 辅助触点；5- 静铁芯；
（c）结构简化：1- 垫毡；2- 触头弹簧；3- 灭弧罩；4- 触头压力弹簧；
5- 动触头；6- 静触头；7- 衔铁；8- 弹簧；9- 线圈；10- 铁芯

电磁系统由衔铁、线圈和铁芯等组成。其中，线圈由绝缘铜导线绕制而成，一般为粗而短的圆筒形，并与铁芯之间具有一定的间隙，便于散热。铁芯和衔铁由硅钢片叠压而成，以减少涡流损耗。

触头系统接触器的触点按功能不同，可分为主触点和辅助触点两类。主触点用于接通和分断电流较大的主电路，体积较大，一般由三对常开触点组成；辅助触点用于接通和分断小电流的控制电路，体积较小，有常开和常闭两种。如图 6-38（c）所示，由于已对其结构进行了简化，因此只用其中的一个触头进行示意即可。触点通常用紫铜制成，由于铜的表面容易被氧化，生成不良导体氧化铜，所以一般都在触点的接触点部分镶上银块，使其接触电阻小、导电性能好、使用寿命长。

灭弧装置用来熄灭触头在切断电路时所产生的电弧。如果交流接触器不具备灭弧装置，触头在分断大电流或高电压电路时，十分容易灼伤触头，引发事故或直接导致接触器损坏。

图 6-38（c）所示中交流接触器工作时，一般当施加在线圈上的交流电压大于线圈额定电压值的 85% 时，铁芯中产生的磁通对衔铁产生的电磁吸力克服复位弹簧的拉力，使衔铁带动动触点动作。触点动作时，常闭触点先断开，常开触点后闭合，所有触点是同时动作的，此时，触点对所在电路形成控制作用；当线圈中的电压值降到某一数值时，铁芯中的磁通下降，吸力减小到不足以克服复位弹簧的拉力时，衔铁复位，使主触点和辅助触点复位。这个功能就是之前提到的接触器失压保护功能。

（二）交流接触器的重要参数

1. 额定电压

交流接触器铭牌上的额定电压多指主触点的额定电压，交流有 127V、220V、380V、500V 等档次。

2. 额定电流

额定电流是指主触点的额定电流，即允许长期通过的最大电流。一般有 5A、10A、20A、40A、60A、100A、150A、250A、400A 和 600A 等档次。

3. 电磁线圈的额定电压

电磁线圈的额定电压是指能使线圈得电顺利吸引衔铁动作的电压值。交流有 36V、110V、127V、220V、380V 等档次。

4. 电气寿命和机械寿命

电气寿命和机械寿命通常以万次表不。通常接触器的电气寿命为 50~100 万次，而机械寿命为 500~1000 万次。

5. 额定操作频率

额定操作频率是指每小时允许接通的最多次数，用次／小时表示。交流接触器的额定操作频率大约在 600 次／小时，如超过此限额，很有可能使交流线圈积热升温，从而影响交流接触器的工作及寿命。

（三）交流接触器的型号识别及电气符号

交流接触器的电气符号和前文所述的熔断器一样，如图 6-39 所示。在电气原理图中，其各个功能模块都用独立的电气符号示出。交流接触器共有四种功能模块的表示，如图 6-40 所示。其表示符号为英文大写字母 KM，需要强调的是，只要其英文表示符号完全相同，即没有用 KMp、KM2 等后缀数字进行区分，则说明各功能模块来自同一交流接触器之上。

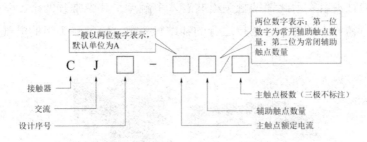

图 6-39　交流接触器的型号含义

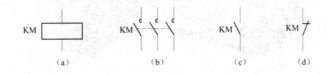

图 6-40　交流接触器的电气符号

（a）电磁线圈；（b）主触点；（c）常开辅助触头；（d）常闭辅助触头

（四）交流接触器的安装与接线

交流接触器在安装前，应优先检查交流接触器线圈的额定电压和触头数量是否符合要求。这些数据一般都印刷或印刻在交流接触器上。接触器应垂直安装，倾斜角不得大于 5°，并保证良好的通风散热。长期安装或墙面安装时，应使用螺丝固定，短期安装或柜内安装时，需利用基座上的卡子将其固定于相应的轨道上。

其次，可用手分合接触器的活动部分，要求产品的动作灵活且无卡顿现象。最好用万用表对所使用的触头的通断能力进行测试。有些接触器铁芯的极面上涂有防锈油，使用时应该将铁芯极面上的防锈油擦除干净，以免油垢黏滞而造成接触器断电不释放。

在对交流接触器进行接线时，必须明确各触点及线圈的位置。主触点一般标注 L_1、L_2、L_3 等电源标号；常开辅助触点标注为 NO；常闭辅助触点标注 NC；继电器线圈用 KA 进行表示。需强调的是，一旦交流接触器的线圈通以相应等级的电压，则交流接触器的所有触点同时动作，不论该触点是否被应用于电路中。还需要指出的是交流接触器的主触点和常开辅助触点虽均为常开触点，但不可混用，因为主触点承受大电流的能力比常开辅助触点更强，如混用则很容易烧掉常开辅助触点，进而损坏整个触头系统。

如果交流接触器无常闭辅助触点或在使用过程中触点数量不够时，应对应交流接触器的型号安装辅助触头组。

（五）交流接触器的辅助触头组

辅助触头组可通过机械连接的方式直接安插在交流接触器上，在交流接触器动作时，衔铁的外露部分将带动辅助触头组的触点一同进行运动，使辅助触头组的触点也相应闭合或断开，如图 6-41 所示。

交流接触器的辅助触头组常见的有两极和四极触头组，其型号表示含义如图 6-42 所示，如 F4-22 的辅助触头组表示此辅助触头组共有 4 个触点，其中常开两个，常闭两个。在使用时必须了解所需触点的数量，选择适合的辅助触头组。辅助触头组的电气符号与交流接触器的相同。

图 6-41　辅助触头组与交流接触器组合

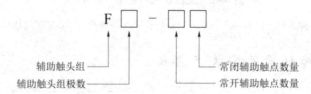

图 6-42　辅助触头组的型号表示含义

八、中间继电器

中间继电器的内部结构与交流接触器相似，工作原理也相同，所不同的是，中间继电器没有主触点和辅助触点之分，同时其电磁系统稍小，触点也较多。它常用来传递信号、扩展触点数量，也可直接用于控制电流在 5A 以下的小容量电动机或其他电气执行元件的主电路。

（一）中间继电器的分类

中间继电器首先可分为交流继电器和直流继电器，但有的中间继电器为交直流通用型。其次，中间继电器按照功能和结构的不同，又可分为通用型继电器、电子式小型通用继电器、电磁式中间继电器和采用集成电路构成的无触点静态中间继电器等。图 6-43 所示为几种常见的中间继电器的实物。

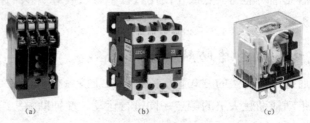

图 6-43　几种常见的中间继电器的实物

（a）JZ8 系列中间继电器；（b）JZC4 系列中间继电器；（c）JZ7 系列中间继电器

（二）中间继电器的型号识别

中间继电器的型号表示含义如图 6-44 所示，其电气符号如图 6-45 所在电气原理图中，中间继电器的图形符号与交流接触器的相同，只不过无主触点符号，用英文大写字母 KA 表示。

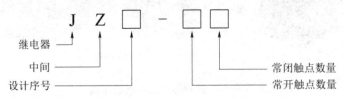

图 6-44 中间继电器的型号含义

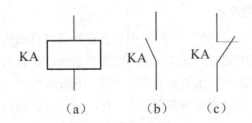

图 6-45 中间继电器的电气符号

（a）电磁线圈； （b）常开触头； （c）常闭触头

（三）中间继电器的安装及接线

JZ7 系列或 JZC4 系列中间继电器的安装方法与交流接触器的安装方法并无区别，但 JZ8 系列的中间继电器一般由底座和电磁线圈两部分构成，在使用时需对号入座，将这两部分加以组合使用。

需要注意的是，中间继电器的额定电流比交流接触器的额定电流要小，如果想用中间继电器代替接触器，一定要注意承载电流的大小，一般中间继电器的额定电流不超过 5A。

九、时间继电器

时间继电器（Time Relay）是指当加入（或去掉）输入的动作信号后，其输出电路需经过规定的时间才能产生跳跃式变化（或触头动作）的一种继电器。它利用电磁原理或机械原理实现延时控制，经常用在较低的电压或较小电流的电路上，用来接通或切断较高电压、较大电流的电路的电气元件。

（一）时间继电器的分类

根据其动作状态，时间继电器可分为通电延时型和断电延时型时间继电器两类。通电延时型即在接收输入信号后需一定的延时才产生变化或触点动作；而断电延时型是失去输入信号后一定时间才会产生动作。按工作电流的类型又可将其分为直流型和交流型时间继电器。按动作原理可将其分为空气阻尼式、电动式和电子式时间继电器等，其实物如图 6-46 所示。

（a）　　　　　　　　（b）　　　　　　　　（c）

图 6-46　几种时间继电器的实物

（a）空气阻尼式时间继电器；（b）电动式时间继电器；（c）电子式时间继电器

1. 空气阻尼式时间继电器

空气阻尼式时间继电器是利用空气阻尼原理获得延时，其结构由电磁系统、延时机构和触点三部分组成。空气阻尼式时间继电器的电磁机构可以是直流的，也可以是交流的；这种继电器既有通电延时型的，也有断电延时型的。只要改变其电磁机构的安装方向，便可实现不同的延时方式。其具有延时范围较大（0.4~180s）、结构简单、寿命长、价格低等优点。但其延时误差较大，无调节刻度指示，且难以确定整定延时值。因此，在对延时精度要求较高的场合，不宜使用这种时间继电器。

2. 电动式时间继电器

电动式时间继电器常用的电动机匹配类型为 JS11 型。它用微型同步电动机拖动减速齿轮来获得延时，其延时范围较宽（0~72s），延时偏差小，且延时值不受电源电压波动及环境温度变化的影响。但其结构复杂、价格昂贵、寿命短，不宜频繁地进行操作。

3. 电子式时间继电器

电子式时间继电器由晶体管或大规模集成电路和电子元器件构成。按延时原理划分，电子式时间继电器又可分为阻容充电延时型和数字电路型。阻容充电延时型是利用 RC 电路电容器充电时，电容电压不能突变，只能按指数规律逐渐变化的原理获得延时。因此，只要改变 RC 充电回路的时间常数（变化电阻值），即可改变其延时时间。按输出形式划分，电子式时间继电器又可分为有触点式和无触点式。有触点式时间继电器是使用晶体管驱动小型电磁式继电器；而无触点式时间继电器则单纯地采用晶体管或晶闸管输出。

电子式时间继电器除了执行继电器外，均由电子元器件组成，它没有机械部件，具有延时准确度高、延时范围大、体积小、调节方便、功率低、耐受冲击与振动、寿命长等优点，因而应用范围最广。根据内容所需，本章重点对电子式时间继电器进行论述。

（二）时间继电器的内部结构及工作原理

电子式时间继电器电路有主电源和辅助电源两个电源。主电源由变压器二次侧的 18V 电压经整流、滤波获得；辅助电源由变压器二次侧的 12V 电压经整流、滤波获得。当变压器接通电源时，晶体管 VT$_1$ 导通，VT$_2$ 截止，继电器 KA 线圈中的电流很小，KA 常闭触点不动作。两个电源经可调电阻 R_p、R 和常闭触点 KA 向电容 C 充电，a 点电位逐渐升高。当 a 点电位高于 b 点电位时，VT$_1$ 截止，VT$_2$ 导通，VT$_2$ 集电极电流流过继电器 KA 的线圈，KA 动作，输出控制信号。如图 6-47 所示，KA 的常闭触点断开充电电路，常开触点闭合，将电容放电，为下次工作做好准备。调节 R_p 可改变延时时间。

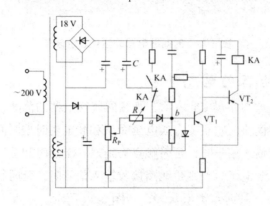

图 6-47　电子式时间继电器的内部电路结构

（三）时间继电器的型号识别

时间继电器的型号在表示上有很多种类，但大致如图 6-48 所示。其中设计序号除了带有数字之外也可能有跟进字母的形式出现；其延时调整范围也可能根据不同的显示方式有不同的代码意义；各时间继电器的特征代号的详细与否也存在不同，还需在实际的生产生活中多积累，多实践。

（四）时间继电器的重要参数

1. 额定电压和额定电流

额定电压和额定电流是指该时间继电器在工作时所能承受或触点所能切换相应电路的能力。通常一个时间继电器规定了多个额定电压和电流，选用时除了了解当前电路的实际电压等级外，还要注意分清交流与直流。

2. 电气寿命与机械寿命

电气寿命与机械寿命规定了该时间继电器的操作频次及耐久程度。

3. 延时精度

延时精度是根据当前电路所需，计算出该时间继电器是否符合工程预期，一般以百分数表示。

4. 延时范围

延时范围如图 6-48 中所示。此外，还有长时间延长的时间继电器，通常以小时作为单位。

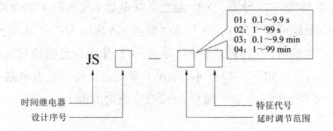

图 6-48　时间继电器的型号表示含义

（五）时间继电器的电气符号

时间继电器用英文大写字母 KT 表示，既然同属继电器的范畴，在接入电路时，就无非是线圈和触点等功能模块。它主要有通电延时型和断电延时型时间继电器两个大类，通电延时型是当线圈接收输入信号时，延时触点需经过一定的时间读取才会动作，但失去输入信号时则立即复位；断电延时型则是线圈接收输入信号时，延时触点立即动作，而失去输入信号时却延时复位；其触点类型众多，如图 6-49 所示。触点中，又分为常开和常闭两种触点，瞬时动作触点意味着该触点无延时功能，线圈通电时立即动作；延时触点是在继电器读取一定的时间之后才发生动作，每种触点都有两种表达方式。

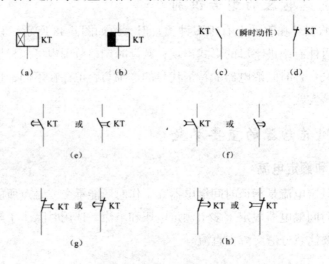

图 6-49　时间继电器的电气符号

（a）线圈（通电延时型）；（b）线圈（断电延时型）；（c）瞬时动作常开触点；（d）瞬时动作常闭触点；（e）延时闭合常开触点；（f）延时断开常开触点；（g）延时断开常闭触点；（h）延时闭合常闭触点

（六）时间继电器的安装与接线

时间继电器在安装时首先应确定各个额定参数是否符合所需。其次，要注意其安装方式，安装方式基本可以分成导轨式安装、面板式安装和装置式安装三类。

由于各种时间继电器的功能和类型不同，其接线方式也各不相同。在拿到时间继电器实物时，一般在其壳体上会标注接线方式，如图 6-50 所示为几种时间继电器在外壳上注明的接线方法。每一个数字代表时间继电器的一个接线柱，接线时要绝对分清这些接线柱，才能正确得到时间继电器所提供的功能。

如图 6-50 所示的 JS14S-P 型时间继电器，1、2 两端示意连接电源，即线圈的接线柱，3 为公共端，4、5 则分别是常开和常闭型的触点，且是延时断开的常闭触点和延时闭合的常开触点。

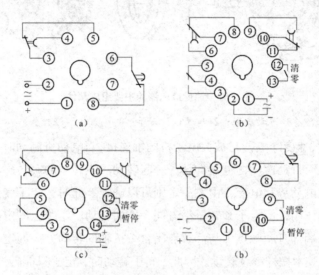

图 6-50　时间继电器的接线方法

（a）JS14S-P；（b）JS11J 或 JSS14；（c）JS11S-G；（d）JS14S-G

十、速度继电器

速度继电器是用来反映转速与转向变化的继电器。它可以按照被控电动机转速的大小来控制电路的接通或断开。速度继电器又称为反接制动继电器，其作用是与接触器配合，对笼型异步电动机进行反接制动控制，其实物如图 6-51 所示。

图 6-51　速度继电器实物

（一）速度继电器的内部结构及工作原理

速度继电器主要由永久磁铁制成的转子、用硅钢片叠成的铸有笼型绕组的定子、支架、胶木摆杆和触点系统等组成，其中，转子与被控电动机的转轴相连接，如图 6-52 所示。

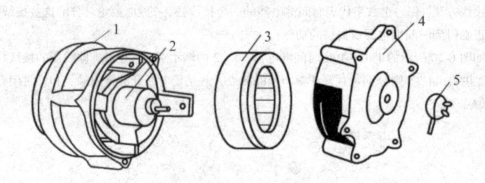

图 6-52　速度继电器的主要组成部件

1- 可动支架；2- 转子；3- 定子；4- 端盖；5- 连接头

　　如图6-53所示，速度继电器与被控电动机同轴连接，当电动机制动时，由于惯性的作用，它要继续旋转，从而带动速度继电器的转子一起转动。该转子的旋转磁场在速度继电器定子绕组中产生感应电动势和电流，由左手定则可以确定。此时，定子受到与转子转向相同的电磁感应转矩的作用，使定子和转子沿着同一方向转动。定子上固定的胶木摆杆也随之转动，推动簧片（端部有动触点）与静触点闭合（按轴的转动方向而定）。静触点又起到挡块的作用，限制胶木摆杆继续转动。因此，转子转动时，定子只能转过一个不大的角度。

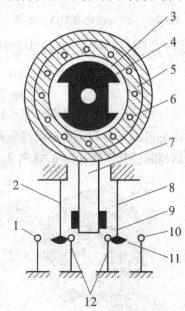

图 6-53　速度继电器的内部结构

1，10，12- 静触点；2，8- 簧片（动触点）；3- 电动机轴；4- 转子（永久磁铁）；

5- 定子；6- 定子绕组；7- 胶木摆杆；9- 常闭触点；11- 常开触点

　　当转子转速接近于零（低于100r/min时），胶木摆杆恢复原来状态，触点断开，切断电动机的反接制动电路。

　　速度继电器有两组触点（每组各有一对常开触点和常闭触点），可分别控制电动机正、反转的反接制动。常用的速度继电器有 JY1 型和 JFZ0 型，一般速度的继电器的动作速度为 120r/min，触点的复位速度值为 100r/min。在连续工作制中，其能可靠地工作的速度范围是 1000~3600r/min，允许操作频率为每小时不超过 30 次。

（二）速度继电器的型号识别及电气符号

速度继电器的电气符号用英文大写字母 KS 表示，其型号表示含义如图 6-54 所示。其电气符号如图 6-55 所示。

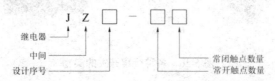

图 6-54　速度继电器的型号表示含义

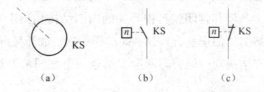

图 6-55　速度继电器的电气符号

（a）转子；（b）常开触点；（c）常闭触点

（三）速度继电器的安装与接线

速度继电器的动作转速一般不低于 300r/min，复位转速约在 100r/min 以下，应将速度继电器的转子与被控电动机同轴连接，使两轴的中心线重合，速度继电器的轴可用联轴器与电动机的轴连接；而应将其触点（一般用常开触点）串联在控制电路中，通过控制接触器来实现反接制动，但应注意正反向触头不能接错，否则不能实现反接制动控制；速度继电器的外壳应与地可靠连接。

十一、行程开关

行程开关又称为限位开关或位置开关，是一种利用生产机械的某些运动部件的碰撞来发出控制指令的主令电器，即把机械信号转换为电信号，并通过控制其他电器来控制运动部件的行程大小、自动换向或进行限位保护，达到自动控制的目的。

如建筑行业中所使用的塔吊。吊钩带动重物向上升起，到达顶端时如由于机械或电气原因造成驱动电动机无法停机，则很可能发生安全事故，此时如将行程开关安装在吊臂末端，发生这种情况时，则吊钩的机械部件自动碰撞行程开关，迫使电动机停机，产生保护作用。又如家庭中使用的电冰箱，冷藏室的门若被打开，照明设备则会点亮，这是因为门在开启时碰撞了暗藏在门边框上的行程开关所致。

（一）行程开关的类型

行程开关按照驱动臂的类型一般分为直动式、滚轮式和微动式等行程开关，其实物如图 6-56 所示。

（a）　　　　　　　（b）　　　　　　　（c）

图 6-56　各种行程开关的实物

（a）直动式；（b）滚轮式；（c）微动式

行程开关按照内部触点形式可分为常开型、常闭型、双投型和双断型行程开关四个类型。与按钮开关类似，常开型和常闭型行程开关的内部结构相当于常开按钮和常闭按钮；双断型行程开关的内部结构类似于复合按钮，即动作一次，常开触点闭合，常闭触点断开；而双投型行程开关的内部结构为一触刀与两触点结合，就如同单刀双掷开关的内部结构。

（二）行程开关的重要参数及型号识别

行程开关的主要技术参数有额定电压、额定电流、触点数量、动作行程、触点转换时间、动作力等。有很多行程开关是交直流通用的，其能承受的额定电压与额定电流一般会印刻或印刷在其外壳上。行程开关的触点转换时间、动作行程和动作力等参数反映了行程开关的灵敏程度。

图 6-57 所示为常用行程开关的型号表示含义，其分别是普通型和机床专用型行程开关的型号表示含义。

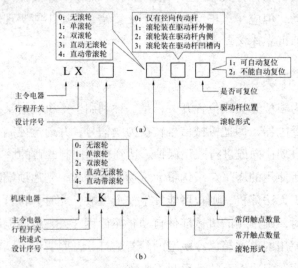

图 6-57　行程开关的型号表示含义

（a）普通行程开关；（b）机床专用行程开关

（三）行程开关的电气符号

如图 6-58 所示，行程开关的电气符号用英文大写字母 SQ 表示，分别是常开触点、常闭触点和双断型的触点表示方式。值得一提的是，微动型的行程开关用英文大写字母 SM 表示，但图形符号与 SQ 一致。

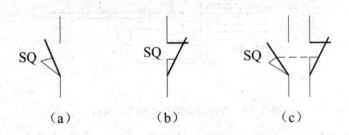

图 6-58　行程开关的电气符号

（a）常开触点；（b）常闭触点；（c）复合触点

（四）微动开关

微动开关是行程开关的一个分支，与较大生产机械用的行程开关所不同的是，微动开关具有微小接点间隔和快动机构，需要用规定的行程和规定的力进行开关动作，且用外壳覆盖，其外部一般安装驱动杆，因为其开关的触点间距比较小，故称微动开关，又叫灵敏开关。

微动开关的额定电流很小，因此经常应用于小型电器或生活家电中，如计算机的鼠标、汽车按键、汽车电子产品、通信设备、军工产品、测试仪器、燃气热水器、煤气灶、小家电、微波炉、电饭锅、浮球设备配套、医疗器械、楼宇自动化、电动工具及一般电器和无线电设备等。

微动开关的种类繁多，内部结构也有成百上千种，按体积可将其分为普通型、小型、超小型；按防护性能可分为防水型、防尘型、防爆型；按分断形式可分为常开型（内部常开触点）、常闭型（内部常闭触点）、双投型（内部单刀双掷触点）和双断型（内部复合触点）等。还有一种强断开微动开关（当开关的簧片不起作用的时候，外力也能使开关断开按分断能力可分为普通型、直流型、微电流型、大电流型；按使用环境可分为普通型、耐高温型（250℃）、超耐高温陶瓷型（400℃）。

这里仅对双投型的微动开关的内部结构及工作原理进行介绍。如图 6-59 所示，微动开关外部共引出三支接线端子，分别与常开静触点、常闭静触点和触刀相连接。当按钮被按动时，触刀挣脱簧片的力与常开静触点接触，则常开触点闭合、常闭触点断开；按钮释放后，触刀在簧片的拉力作用下复位。因此，双投型的微动开关从内部结构来看就是单刀双掷开关，且具有复位功能。

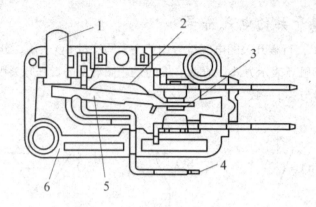

图 6-59　双投型微动开关的内部结构

1- 按钮；2- 复位簧片；3- 触头；4- 接线端子；5 一触刀；6- 外壳

十二、接近开关

接近开关又称无触点接近开关，是一种无须与运动部件进行直接机械接触便可以进行动作的位置开关，当物体接近它的感应面至动作距离时，即可无接触、无压力、无火花且迅速地发出电气指令，从而驱动直流电器或给计算机、PLC 等装置提供控制指令。它广泛地应用于机床、冶金、化工、轻纺和印刷等行业。在生活中，如宾馆、商场等场所的感应门都应用了接近开关。在自动控制系统中，它作为限位、计数、定位控制和自动保护环节等使用。图 6-60 所示为几种不同外形的接近开关。

　（a）　　　　　　　　　（b）　　　　　　　　　（c）

图 6-60　几种不同外形的接近开关

（a）螺纹圆柱形接近开关；（b）磁簧式接近开关；（c）方形接近开关

可以说接近开关是一种开关型传感器，且无触点，动作可靠，性能稳定，频率响应快，应用寿命长，抗干扰能力强，并具有防水、防振、耐腐蚀等特点。

（一）接近开关的分类

接近开关的主要组成部件是位移传感器，接近开关正是利用位移传感器对接近物体的敏感特性来达到控制开关通断的目的。因位移传感器可以根据不同的原理和不同的方法制成，而不同的位移传感器对物体的"感知"方法各异，所以常见的接近开关有以下几种类型。

1. 无源式接近开关

无源式接近开关不需要电源，它通过磁力感应来控制开关的闭合状态。当磁或者铁质触发器靠近开关磁场时，其和开关内部的磁力发生作用控制开关闭合。

2. 涡流式接近开关

涡流式接近开关也称电感式接近开关。它是利用导电物体在接近能产生电磁场的接近开关时，使物体内部产生涡流的原理制成的。这个涡流反作用到接近开关，使开关内部电路参数发生变化，由此识别出有无导电物体移近，进而控制开关的通或断。但这种接近开关能检测的物体必须是导电体。

3. 电容式接近开关

这种开关的测量机构通常是构成电容器的一个极板，而另一个极板是开关的外壳。这个外壳在测量过程中通常是接地或与设备的机壳相连接。当有物体移向接近开关时，不论它是否为导体，由于它的接近，总要使电容的介电常数发生变化，从而使电容量发生变化，使得和测量头相连的电路状态也随之发生变化，由此便可控制开关的接通或断开。这种接近开关检测的对象不限于导体，也可以是绝缘的液体或粉状物体等。

4. 霍尔接近开关

霍尔元件是一种磁敏元件，利用霍尔元件做成的开关，叫作霍尔开关。当磁性物件移近霍尔开关时，开关检测面上的霍尔元件因产生霍尔效应而使开关内部电路状态发生变化，由此识别附近有磁性物体存在，进而控制开关的通或断。这种接近开关的检测对象必须是磁性物体。

5. 光电式接近开关

光电式接近开关是利用光电效应做成的接近开关。它是将发光器件与光电器件按一定方向装在同一个检测头内。当有反光面（被检测物体）接近时，光电器件接收到反射光后便进行信号输出，由此便可"感知"有无物体接近。

6. 热释电式接近开关

用能感知温度变化的元件做成的开关叫热释电式接近开关。这种开关是将热释电器件安装在开关的检查面上，当有与环境温度区别的物品接近时，热释电器件的输出会发生变化，由此便可检查出有无物体接近。

（二）接近开关的型号识别及电气符号

一般的工业生产中，因电感式（涡流式）和电容式的接近开关对环境要求较低，因此使用得较多。当然各种类型或工作原理的接近开关各有各的"擅长领域"，在选用时还需多加注意其对工作电压、负载电流、检测距离、被检测物体组成材料等各项指标的要求。

接近开关在电气原理图中用英文大写字母 SP 表示，其常规型号表示含义如图 6-61 所示，其电气符号如图 6-62 所示。

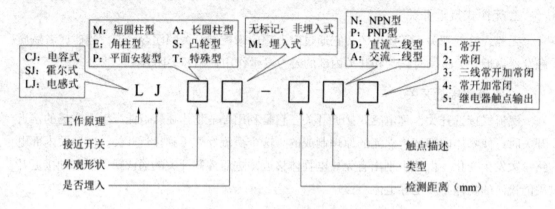

图 6-61　接近开关的常规型号表示含义

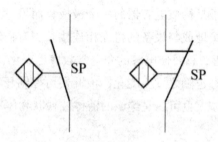

图 6-62　接近开关的电气符号

第四节　电气原理图

一、电气图的主要类型

图样是工程技术的通用语言，在工程施工过程中，通过绘制或读取图样来表达设计人员的思路或对施工人员进行标准化的指导。而被控单元和各种各样的低压电器在图样中便成为形象的图形或者文字符号，并以图样基本单元的形式将整个安装实物跃然纸上。

针对上文所介绍的继电接触器系统，电气控制系统图一般分为三种，即电气布置图、电气安装接线图、电气原理图。由于它们的用途不同，绘制原则也不同。

电气布置图简单标明了本电气控制系统中各种电器的安装位置及尺寸，以方便施工人员对安装平台进行区域的划分和对器件进行初步选型。如图 6-63 所示，图中标示了几个器件的安放位置及走线趋势，并标示出安装平面的基本尺寸。

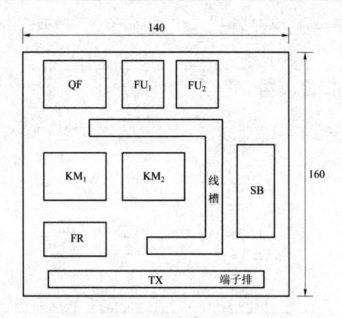

图 6-63　电气布置图图例

　　电气安装接线图是直接将形象的实物绘制于图中，并标注各接线柱之间的导线联系，从而为施工人员带来最直观的指导，如图 6-64 所示。可见图中器件十分形象，但并未详细标注其端子名称，可能带来歧义或者混淆，因此，电气安装接线图通常与端子接线表配合，并对照使用。

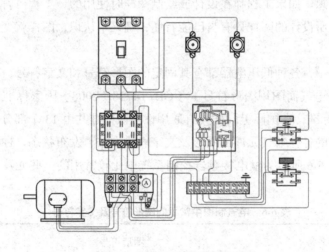

图 6-64　电气安装接线图图例

　　电气原理图可谓是整个设计或施工过程中的灵魂，它是用图形、文字符号按照一定规则来表示的所有元器件的展开图。它确切表明了电路中各元器件的相互关系和电路的工作原理；它也是设计、生产、编制位置图、接线图和研究产品时的基础所在和最终依据。但电气原理图并不是按照电气元件的实际布置位置来绘制的，也不反映电气元件的实际大小和接线方式，如图 6-65 所示。以下将针对电气原理图的绘制规范及识读进行着重介绍。

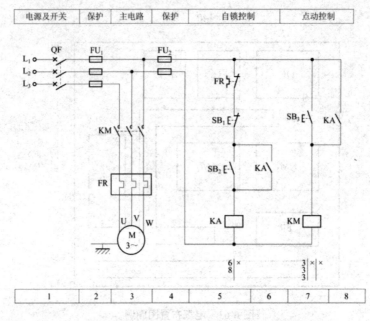

| 电源及开关 | 保护 | 主电路 | 保护 | 自锁控制 | 点动控制 |

图 6-65　电气原理图图例

二、电气制图的图形符号及文字符号标准

不论是电路设计还是机械图样，都是用规定的"工程语言"来描述其设计的内容，表达其工程设计的思想。如果工程师在设计或绘制图样时使用的"工程语言"不合乎规范，随意表达，那么他所设计的图样只有自己能看懂，别人不认识，图样就变成一张废纸，无法利用。

在电气原理图中，各种低压电器都有其固定的图形符号和文字符号，并符合相应的国家标准。最新的《电气简图用图形符号》（GB/T4728—2008）国家标准，采用国际电工委员会（IEC）的标准，在国际上同样具有通用性。该标准共由 13 个部分组成，分别介绍了电气制图过程中的各种电气元件的图形及文字表达方法、发布状态、标准代号、应用类别等详细内容。表 6-6 所示为继电接触器控制系统中比较常用的一些元器件的电气符号和文字符号，供参考。

表 6-6　电气制图中常用的图形符号及文字符号

电器名称	图形符号	文字符号
一般三极电源开关		QS
低压断电器		QF

电器名称		图形符号	文字符号
位置开关	常开触点		SQ
	常闭触点		
	复合触点		
熔断器			FU
按钮开关	常开		SB
	常闭		
	复合		
接触器	线圈		KM
	主触点		
	常开辅助触点		
	常闭辅助触点		
速度继电器	常开触点		KS
	常闭触点		

电器名称		图形符号	文字符号
时间继电器	线圈		KT
	常开延时闭合触点		
	常闭延时断开触点		
	常开延时闭合触点		
	常闭延时断开触点		
热继电器	热元件		ER
	常闭触点		
继电器	中间继电器线圈		KA
	欠电压继电器线圈		
	过电流继电器线圈		
	欠电流继电器线圈		
	常开触点		
	常闭触点		
转换开关			SA

电器名称	图形符号	文字符号续　表
电位器	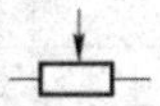	RP
照明灯		EL
信号灯		HL
三相笼型异步电动机		M
三相绕线转子异步电动机		
整流变压器	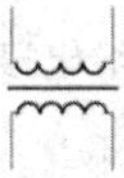	T
照明变压器		TC
控制电路电源用变压器		
三相自耦变压器	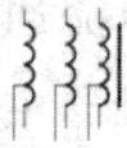	T
半导体二极管	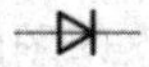	VD
PNP 型三极管		VT
NPN 型三极管		
晶闸管（阴极侧受控）		

三、继电接触器控制系统电气原理图的基本结构

继电接触器控制系统的电气原理图一般由三个部分组成，即主电路、控制电路和辅助电路。如图 6-66 所示，三个虚线框从左至右分别为主电路、控制电路、辅助电路。

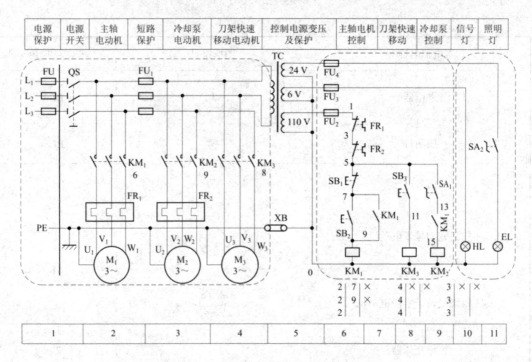

图 6-66　继电接触器控制系统电气原理图示例

（一）主电路

主电路是电气控制线路中大电流通过的部分，包括从电源到电动机之间相连的电气元件；一般由开关、主熔断器、接触器主触点、热继电器的热元件和电动机等组成，简单来说，其主要作用是为电动机供电，因此该电路的电压等级根据被控电动机的额定电压确定。主电路通常用实线绘于整幅电气原理图的左侧。

（二）控制电路

控制电路是控制主电路工作状态的电路，该电路中通过的电流较小。一般通过按钮、开关、各种继电器和相关保护器件对主电路中的元件进行控制，最常见的是交流接触器和各种继电器，线圈安装于控制电路，触点和感应元件安装在主电路，以此对电动机实施各种工作状态的控制。该电路的电压等级通常根据继电器线圈的额定电压来确定。控制电路通常用实线绘于整幅电气原理图的右侧。

（三）辅助电路

辅助电路主要包括工作设备中的信号电路和照明电路等部分，信号电路是指显示主电路工作状态的电路；照明电路是指对工作设备进行局部照明的电路。一般来说，辅助电路的电压等级较低，如直接使用整套系统的电源，则需安装变压设备调节电压等级。某些电气原理图根据功能的需要并不具备辅助电路。辅助电路通常用实线绘于整幅电气原理图的最右侧。

四、电气原理图的绘制方法

（一）绘制顺序

继电接触器控制系统的控制策略设计完成后，在绘制电气原理图时，需优先了解并确定图样的绘制顺序。电气原理图中电气元件的布局，应根据便于阅读的原则来安排。按照从左至右的顺序分步骤依次绘出主电路、控制电路和辅助电路。在绘制某一电路部分时，尽可能按动作顺序从上到下，从左到右排列，顺序绘出。

（二）绘制原则

绘制电气原理图时，一般应遵循以下原则，可再次参照图 6-66。

（1）绘制电气原理图时，必须严格遵循国家标准的电气符号及文字符号，并将这些标准的符号用导线连接起来，其中主电路由于比其他电路的电流等级更高，绘制时也可以用粗实线表示。

（2）绘制主电路时，首先以水平方向绘出电源线路，电源线路包括电源引入点、开关和针对电源的保护装置。之后的控制、保护及被控单元均要垂直于电源线路以竖直方向绘制。再查看图 6-66，主电路的电源线路由电源、刀开关、熔断器组成，均以水平方向绘制。控制电路与辅助电路的绘制过程中，同样采用电源线路水平绘制，其他器件垂直绘制的方式。

（3）耗能元件（即各电路中的用电器件，如电磁铁、继电器线圈、指示灯等）的一端应直接连接在接地的电源线上，其下方不绘制任何器件。

（4）当同一电气元件的不同部件（如某一接触器的线圈和触点）分散在不同位置时，为了表示它是同一元件，要在电气元件的不同部件处标注统一的文字符号。对于同类器件，要在其文字符号后加数字序号来区别。如两个接触器，可用 KM_1、KM_2 文字符号来区别。

（5）所有电气元件的触点，不论手动的或自动的（如按钮、继电器触点、行程开关等），均按照不受到外力作用或未通电时的触点状态绘出。

（6）主电路标号由文字符号和数字组成。文字符号用来标明主电路或线路的主要特征，数字标号用于区别电路的不同线段。三相交流电源引入线采用 L_1、L_2、L_3 标号，电源开关之后的三相主电路分别标 U、V、W。

（7）绘图时，应尽量减少线条并避免线条交叉。各导线之间有电气联系时，应在导线交点处绘制黑圆点，无电气联系时，则不画。

（8）对非电气控制和人工操作的电器，必须在原理图上用相应的图形符号来表示其操作方式。对于与电气控制有关的机、液、气等装置，应用符号绘出简图，以表示其关系。

（二）区域的划分

电路绘制完成后，为了方便识读，一般还要在电路图的上方和下方分别绘制文字分区和数字分区。

文字分区标示了各电路部分的功能，使读图者一目了然。文字分区在划分上没有固定的原则，只要清晰、无歧义就是可行的。如图 6-66 所示的"电源保护"等，就是该图的文字分区，必要时也可再次进行细分或区域合并。

数字分区实则是为电路中的每一条支路起一个名字，并用序号表示。数字分区在原理描述、索引标注、查询触点位置时都起到很大的作用。因此，在数字分区划分中，应遵循"每一条支路都存在于独立的数字分区当中"的原则，且必须严格执行。电路中的支路就是在电源相数一定的情况下，每一次"并联"都视作一条独立的支路。所以数字分区与文字分区可以不一一对应，大部分情况下，二者都存在或大或小的区别。

五、电气原理图的识读

对于电气原理图的识读，下面以继电接触器系统的电气原理图为例进行阐述，如图6-67所示。

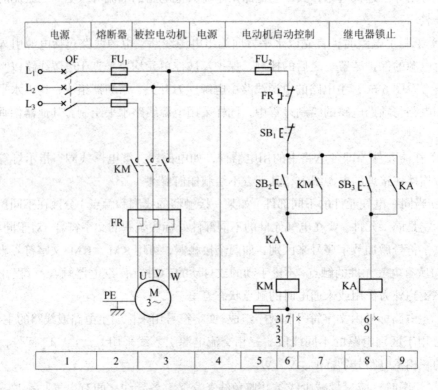

图 6-67　继电器带锁止功能的自锁单向启动线路

（一）触点索引

对于接触器和继电器来说，如果触点数目较多并分散于图中的各个位置，此时应当引入触点索引，用以帮助识读者进行触点的寻找及器件安装时的检查。它将触点所在位置的信息进行汇总，准确且直观，一般来说，索引可由图样绘制者完成，某些情况下也可由识读者在现场标注。

索引一般标注于控制电路中对应器件线圈的正下方。交流接触器的触点有常开辅助、常闭辅助和主触点之分，所以索引应分为三栏；而中间继电器无主触点，所以分为两栏，如图 6-67 中所示。各栏表示意义如图 6-68 所示，各种触点在整幅电路中出现几个就标注几个图区数字，未使用的触点类型以"×"示之。

图 6-68 索引标不意义

（a）交流接触器索引；（b）中间继电器索引

（二）标注线号

电气原理图中的线号可方便地指示原理图中各个电位点，多数情况下，只对控制电路和辅助电路进行标注，简单理解就是分别为图中的各条导线起一个名字，以便于在施工过程中指示器件的具体位置，防止出错。线号的标注应遵循"耗能元件以上以奇数标注，耗能元件以下以偶数标注"的原则，一般从电源之后开始标注，奇数从 1 开始起标，偶数则从 0 开始起标，等电位点使用相同的标号或不标注。图 6-69 所示为图 6-67 控制电路标注。

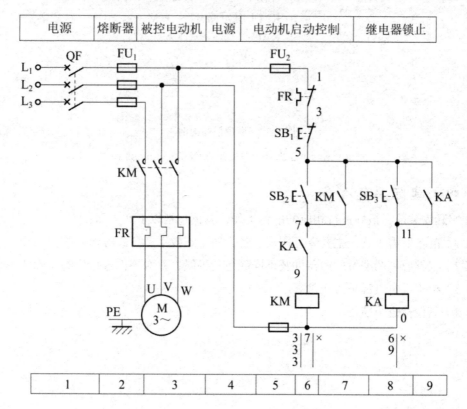

图 6-69 线号标注图例

如图 6-69 所示"交流接触器在 7 区域中的常开辅助触点 KM",有了线号的标注,可简单且精准地将其描述为 KM(5-7),这样可使施工人员迅速找到其位置,并且不会出现歧义。如果是常闭触点,则只需在"KM(5-7)"上方加一条横线表示,即。

(三)原理描述

在图样绘制完成后,设计人员也可另附一份原理图的原理描述以方便识读者。原理描述可自行组织语言,更提倡在已标注线号的前提下进行标准化的案例描述,如图 6-70 所示。

原理描述中,需要解释的是:"±"表示动作后立即复位,如按钮的按动与释放;"+"表示动作或电动机运行,如常开触点的闭合和常闭触点的断开都可用其表示;表示动作复位。一般在进行原理描述时用箭头表示动作顺序,末端箭头则表示结论,一般用文字进行相应描述,如以上的"自锁"等;大括号中的内容表不同时动作的触点或者设备。

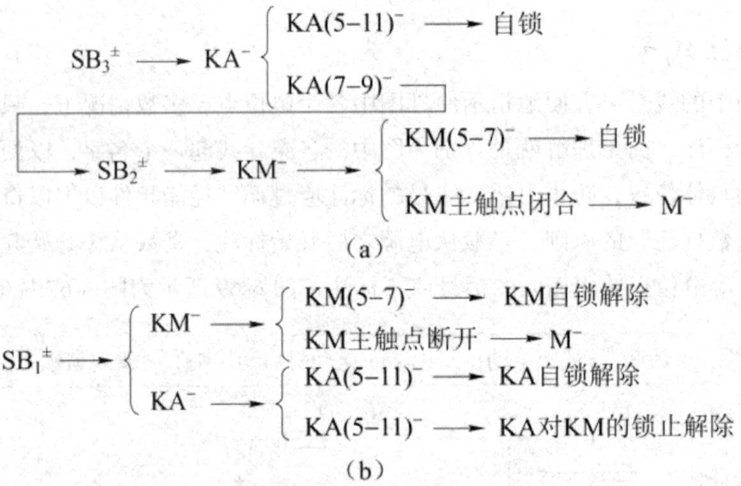

$$SB_3^{\pm} \longrightarrow KA^- \begin{cases} KA(5\text{--}11)^- \longrightarrow \text{自锁} \\ KA(7\text{--}9)^- \end{cases}$$

$$SB_2^{\pm} \longrightarrow KM^- \begin{cases} KM(5\text{--}7)^- \longrightarrow \text{自锁} \\ KM\text{主触点闭合} \longrightarrow M^- \end{cases}$$

(a)

$$SB_1^{\pm} \longrightarrow \begin{cases} KM^- \longrightarrow \begin{cases} KM(5\text{--}7)^- \longrightarrow KM\text{自锁解除} \\ KM\text{主触点断开} \longrightarrow M^- \end{cases} \\ KA^- \longrightarrow \begin{cases} KA(5\text{--}11)^- \longrightarrow KA\text{自锁解除} \\ KA(5\text{--}11)^- \longrightarrow KA\text{对}KM\text{的锁止解除} \end{cases} \end{cases}$$

(b)

图 6-70 原理描述图例

(a)启动(合上自动空气开关 QF);(b)停止

(四)实际安装准备

在实际安装前,最好进行相应的准备工作,具体包括以下几方面:

(1)准备所需工具,主要有万用表、各类钳子、扳手、各式螺丝刀等。

(2)根据原理图准备所需器件及不同颜色的导线,并对器件进行检测,确认完好。

(3)检查供电电源是否正常。

(4)其他检查与准备。

第五节　继电接触器控制系统的设计

继电接触器控制系统的设计任务是要根据事先拟定的控制要求使用各种低压电器，设计和编制出电气设备制造和维护修理的图样和详细资料等。具体操作方法可分为以下几步进行。

一、电气控制设计的一般原则

（1）最大限度地满足生产机械和生产工艺对电气控制的要求，这些生产工艺要求是电气控制设计的依据。

（2）在满足控制要求的前提下，设计方案应力求简单、经济、合理，不要盲目地追求自动化和局指标。

（3）正确、合理地选用电气元件，确保控制系统能安全可靠地工作。

（4）为适应生产的发展和工艺的改进，在选择控制设备时，其设备能力应留有适当余量。

二、电气控制设计任务书的拟订

在继电接触器控制系统设计之初，首先要反复琢磨和理解控制要求，最好拟定一份清晰且正确的任务书。任务书的设计因人而异，因实际工作需要而异，但对于较简单的继电接触器控制系统的设计，可按照如下步骤执行：

（1）确定被控单元，即电动机的型号参数及工作特性。如无要求，需根据实际工作场合自行拟订。

（2）确定电动机的数量及控制方式。要求中需要对几台电动机进行控制、每台电动机是单向运行还是可正反转切换、是连续运行还是点动运行、电动机是否需要制动、是否要对转速实施控制，这类问题都是在这一环节需要着重考虑的，考虑清楚后也同时为主电路的设计奠定了基础。

（3）确定控制电路要求。人工操作端需要何种控制方式、是否规定了使用何种器件进行操控，如未规定，则应自行确定控制策略，应力求简洁、操作量少、自动化程度高。

（4）确定辅助电路要求。在电路中是否需要照明设备或状态提示信号灯等内容应做出考虑。

（5）在这些问题考虑清楚后，最好根据其制定一份详细的表格以指导后续工作。

三、电力拖动方案的确定

这一部分首先应出具电气原理图草图，在草图设计中，应按照"从左到右"的顺序依次设计主电路、控制电路和辅助电路。在设计每一部分电路时，再按照"从下至上"的顺序反向设计。

确定设计顺序后，可优先对控制器件进行设计。

（一）主电路

应根据任务书自行整理与电动机有关的资料，确定主电路的控制策略，考虑需要何种控制器件，器件数量是多少，以什么样的方式连接才可满足电动机的运行状态等问题。

（二）控制电路

主电路的设计是控制电路设计的基础，根据主电路的思路，确定控制电路的控制策略，依然是按照从下至上的顺序，优先将耗能元件放入电路中，如各种继电器的线圈等；线圈之上应画出各种继电器触点和人工控制终端，形成对继电器线圈等的完整控制。

控制电路是整个继电接触器控制系统的核心，对于它的设计不拘于一种策略，但是为确保电气控制电路工作的可靠性和安全性，保证电气控制电路能可靠地工作，应考虑以下几方面：

（1）尽量减少电气元件的品种、规格与数量。

（2）正常工作中，尽可能减少通电电器的数量。

（3）合理使用电器触头。

（4）做到正确接线。

（5）尽量减少连接导线的数量，缩短连接导线的长度。

（6）尽可能提高电路工作的可靠性、安全性。

（三）辅助电路

控制电路又可作为辅助电路的基础，根据控制电路的控制策略，依照任务书中所提出的要求，对各种耗能元件进行控制策略设计，如各种灯具、蜂鸣器、报警电路等。辅助电路中的耗能元件在某些情况下，其额定电压较低，这时需要在控制电路中重新安插变压器，以符合所需。

（四）保护电器的设计

对于继电接触器控制系统来说，应设计保护电器对电源和电动机等核心器件实施保护。

电源保护常用的低压电器有自动空气开关、刀开关、缺相保护器、漏电保护器、熔断器等器件；电动机主要以热继电器的介入防止其过载运行。

（五）草图检查

此环节很有必要，应反复琢磨并推敲所设计电路的可行性，必要时可进行试验性安装测试。

四、常用电器的选型及图样绘制

（1）在草图的基础之上，应考虑选择何种型号或参数的电器来满足控制需求。具体内容可参见产品说明书。

（2）图样绘制时，应根据草图重点绘制电气原理图，并严格按照电气原理图的制图规范将草图修改和完善，并标注辅助信息，如区域的划分、索引和线号、相关器件操作说明等。

（3）将器件选型的结果及所用器件的数量列制于表格中，为下一步的施工进行必要的准备。

（4）在电气原理图的基础之上，绘制电气安装接线图和电气布置图，准备施工。

第七章　PWM 控制技术及其应用实践

PWM（Pulse Width Modulation）控制就是对脉冲的宽度进行调制的技术，即通过对一系列脉冲的宽度进行调制，来等效地获得所需要波形（含形状和幅值）。PWM 控制技术对读者来说并不完全陌生，直流斩波电路实际上采用的就是 PWM 技术。这种电路把直流电压"斩"成一系列脉冲，改变脉冲的占空比来获得所需的输出电压。改变脉冲的占空比就是对脉冲宽度进行调制，只是因为输入电压和所需要的输出电压都是直流电压，因此脉冲既是等幅的，也是等宽的，仅仅是对脉冲的占空比进行控制，这是 PWM 控制中最为简单的一种情况。交—交变换电路中涉及 PWM 控制技术的地方有两处：一处是斩控式交流调压电路，另一处是矩阵式变频电路。斩控式交流调压电路的输入电压和输出电压都是正弦波交流电压，且二者频率相同，只是输出电压的幅值要根据需要来调节。因此，斩控后得到的 PWM 脉冲的幅值是按正弦波规律变化的，而各脉冲的宽度是相等的，脉冲的占空比根据所需要的输出输入电压比来调节。矩阵式变频电路的情况更为复杂，其输入电压和输出电压也都是正弦波交流，但二者频率不等，且输出电压是由不同的输入线电压组合而成的，因此 PWM 脉冲既不等幅，也不等宽。

PWM 控制技术在逆变电路中的应用最为广泛，对逆变电路的影响也最为深刻。现在大量应用的逆变电路中，绝大部分都是 PWM 型逆变电路。可以说 PWM 控制技术正是有赖于在逆变电路中的应用，才发展得比较成熟，才确定了它在电力电子技术中的重要地位。正因为如此，本章主要以逆变电路为控制对象来介绍 PWM 控制技术。在前面，仅介绍了逆变电路的基本拓扑和工作原理，而没有涉及 PWM 控制技术。实际上，离开了 PWM 控制技术，对逆变电路的介绍就是不完整的。因此，把本章内容和前面的内容结合起来，才能使读者对逆变电路有较为全面的了解。

近年来，PWM 技术在整流电路中也开始应用，并显示了突出的优越性。

第一节　PWM 控制的基本原理

在采样控制理论中有一个重要的结论：冲量相等而形状不同的窄脉冲加在具有惯性的环节上时，其效果基本相同。冲量即指窄脉冲的面积。这里所说的效果基本相同，是指环节的输出响应波形基本相同。如果把各输出波形用傅里叶变换分析，则其低频段非常接近，仅在高频段略有差异。例如图 7-1（a）、图 7-1（b）、图 7-1（c）所示的三个窄脉冲形状不同，其中图 7-1（a）为矩形脉冲，图 7-1（b）为三角形脉冲，7-1（c）为正弦半波脉冲，但它们的面积（即冲量）都等于 1，那么，当它们分别加在具有惯性的同一个环节上时，其输出响应基本相同。当窄脉冲变为图 7-1（(i) 的单位脉冲函数 $\delta(t)$ 时，环节的响应即为该环节的脉冲过渡函数。

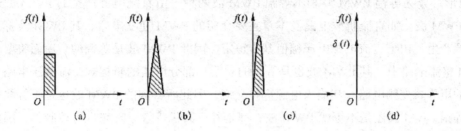

图 7-1　形状不同而冲量相同的各种窄脉冲

（a）矩形脉冲；（h）三角形脉冲；（c）正弦半波脉冲；（d）单位脉冲函数 $\delta(t)$

图 7-2（a）的电路是一个具体的例子。图中 $e(t)$ 为电压窄脉冲，其形状和面积分别如图 7-1（a）、图 7-1（b）、图 7-1（c）、图 7-1（d）所示，为电路的输入。该输入加在可以看成惯性环节的 RL 电路上，设其电流 $i(t)$ 为电路的输出。图 7-2（b）给出了不同窄脉冲时 $i(t)$ 的响应波形。从波形可以看出，在 $i(t)$ 的上升段，脉冲形状不同时 $i(t)$ 的形状也略有不同，但其下降段则几乎完全相同。脉冲越窄，各 $i(t)$ 波形的差异也越小。如果周期性地施加上述脉冲，则响应 $i(t)$ 也是周期性的。用傅里叶级数分解后将可看出，各 $i(t)$ 在低频段的特性将非常接近，仅在高频段有所不同。

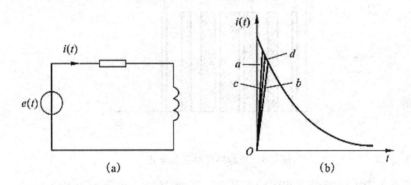

图 7-2　冲量相同的各种窄脉冲的响应波形

上述原理可以称之为面积等效原理，它是 PWM 控制技术的重要理论基础。下面分析如何用一系列等幅不等宽的脉冲来代替一个正弦半波。把图 7-3(a) 的正弦半波分成 N 等分，就可以把正弦半波看成是由 N 个彼此相连的脉冲序列所组成的波形。这些脉冲宽度相等，都等于 π/N，但幅值不等，且脉冲顶部不是水平直线，而是曲线，各脉冲的幅值按正弦规律变化。如果把上述脉冲序列利用相同数量的等幅而不等宽的矩形脉冲代替，使矩形脉冲的中点和相应正弦波部分的中点重合，且使矩形脉冲和相应的正弦波部分面积（冲量）相等，就得到图 7-3（b）所示的脉冲序列。这就是 PWM 波形。可以看出，各脉冲的幅值相等，而宽度是按正弦规律变化的。根据面积等效原理，PWM 波形和正弦半波是等效的。

对于正弦波的负半周，也可以用同样的方法得到 PWM 波形。像这种脉冲的宽度按正弦规律变化和正弦波等效的 PWM 波形，也称 SPWM（sinusoidal PWM）波形。

要改变等效输出正弦波的幅值时，只要按照同一比例系数改变上述各脉冲的宽度即可。PWM 波形可分为等幅 PWM 波和不等幅 PWM 波两种。由直流电源产生的 PWM 波通常是等幅 PWM 波。如直流斩波电路及本章主要介绍的 PWM 逆变电路，其 PWM 波都是由直流电源产生，由于直流电源电压幅值基本恒定，因此 PWM 波是等幅的。后面将要介绍的 PWM 整流电路中，其 PWM 波也是等幅的。第一部分讲述的斩控式交流调压电路，第四部分的矩阵式变频电路，其输入电源都是交流，因此所得到的 PWM 波也是不等幅的。不管是等幅 PWM 波还是不等幅 PWM 波，都是基于面积等效原理来进行控制的，因此其本质是相同的。

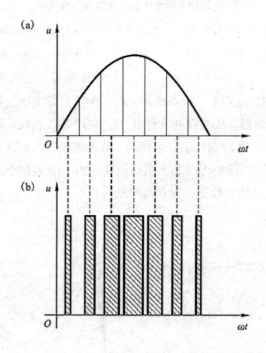

图 7-3 用脉冲代替正弦半波

上面所列举的 PWM 波都是 PWM 电压波。除此之外，也还有 PWM 电流波。例如，电流型逆变电路的直流侧是电流源，如对其进行 PWM 控制，所得到的 PWM 波就是 PWM 电流波。

直流斩波电路得到的 PWM 波是等效直流波形，SPWM 波得到的是等效正弦波形。这些都是应用十分广泛的 PWM 波。本章讲述的 PWM 控制技术实际上主要是 SPWM 控制技术。除此之外，PWM 波形还可以等效成其他所需要的波形，如等效成所需要的非正弦交流波形等，其基本原理和 SPWM 控制相同，也是基于等效面积原理。

第二节　PWM 逆变电路及其控制方法

PWM 控制技术在逆变电路中的应用十分广泛，目前中小功率的逆变电路几乎都采用了 PWM 技术。逆变电路是 PWM 控制技术最为重要的应用场合。PWM 逆变电路，也可分为电压型和电流型两种。目前实际应用的 PWM 逆变电路几乎都是电压型电路，因此，本节主要讲述电压型 PWM 逆变电路的控制方法。

一、计算法和调制法

根据上文讲述的 PWM 控制的基本原理，如果给出了逆变电路的正弦波输出频率、幅值和半个周期内的脉冲数，PWM 波形中各脉冲的宽度和间隔就可以准确计算出来。按照计算结果控制逆变电路中各开关器件的通断，就可以得到所需要的 PWM 波形。这种方法称之为计算法。可以看出，计算法是很烦琐的，当需要输出的正弦波的频率、幅值或相位变化时，结果都要变化。

与计算法相对应的是调制法，即把希望输出的波形作为调制信号，把接受调制的信号作为载波，通过信号波的调制得到所期望的 PWM 波形。通常采用等腰三角波或锯齿波作为载波，其中等腰三角波应用最多。因为等腰三角波上任一点的水平宽度和高度呈线性关系且左右对称，当它与任何一个平缓变化的调制信号波相交时，如果在交点时刻对电路中开关器件的通断进行控制，就可以得到宽度正比于信号波幅值的脉冲，这正好符合 PWM 控制的要求。在调制信号波为正弦波时，所得到的就是 SPWM 波形，这种情况应用最广，本节主要介绍这种控制方法。当调制信号不是正弦波，而是其他所需要的波形时，也能得到与之等效的 PWM 波。

由于实际中应用的主要是调制法，下面结合具体电路对这种方法作进一步说明。

图 7-4 是采用 IGBT 作为开关器件的单相桥式电压型逆变电路。设负载为阻感负载，工作时 V_1 和 V_2 的通断状态互补，V_3 和 V_4 的通断状态也互补。具体的控制规律如下：在输出电压 u_0 的正半周，让 V_1 保持通态，V_2 保持断态，V_4 和 V_4 交替通断。由于负载电流比电压滞后，因此在电压正半周，电流有一段区间为正，一段区间为负。在负载电流为正的区间，V_1 和 V_4 导通时，负载电压 u_0 载波等于直流电压 u_d；V_4 关断时，负载电流通过 V_1 和 VD_3 续流，u_0=0。在负载电流为负的区间，仍 V_1 和 V_4 导通时，因 i_0 为负，故 i_0 实际上从 VD_1 和 VD_4 流过，仍有 $u_0=u_d$；V_4 关断，V_4 开通后，i_0 从 V_4 和 VD_1 续流，u_0=0。这样，u_0 总可以得到 U_d 和零两种电平。同样，在 V_1 保持断态，V_4 和 V_4 交替通断，负载电压 u_0 可以得到 $-U_d$ 和零两种电平。

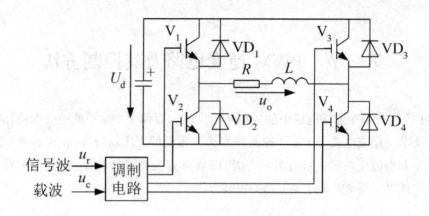

图 7-4　单相桥式 PWM 逆变电路

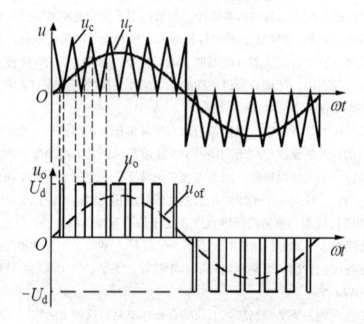

图 7-5　单极性 PWM 控制方式波形

控制 V_3 和 V_4 通断的方法如图 7-5 所示。调制信号 u_r 为正弦波，载波 u_c 在 u_r 的正半周为正极性的三角波，在 u_r 的负半周为负极性的三角波。在 u_r 和 u_c 的交点时刻控制 IGBT 的通断。在 u_r 的正半周，V_1 保持通态，V_2 保持断态，当 $u_r > u_c$ 时使 V_4 导通，V_3 关断，$u_o = U_d$；当 $u_r < u_c$ 时使 VT_4 关断，VT_3 导通，$u_o = 0$。在 u_r 的负半周，V_1 保持断态，V_2 保持通态，当 $u_r < u_c$ 时使 V_4 导通，V_4 关断，$u_o = -U_d$；当 $u_r > u_c$ 时使 V_3 关断，V_4 导通，$u_o = 0$。这样，就得到了 SPWM 波形 u_o。图中的虚线 u_{of} 表示 u_o 中的基波分量。像这种在 u_r 的半个周期内三角波载波只在正极性或负极性一种极性范围内变化，所得到的 PWM 波形也只在单个极性范围变化的控制方式称为单极性 PWM 控制方式。

和单极性 PWM 控制方式相对应的是双极性控制方式。图 7-4 的单相桥式逆变电路在采用双极性控制方式时的波形如图 7-6 所示。采用双极性方式时，在 u_r 的半个周期内，三角波载波不再是单极性的，而是有正有负，所得的 PWM 波也是有正有负。在 u_r 的一个周期内，输出的 PWM 波只有 $\pm U_d$ 两种电平，而不像单极性控制时还有零电平。仍然在调制信号 u_r 和载波信号 u_c 的交点时刻控制各开关器件的通断。在 u_r 的正负半周，对各开关器件的控制规律相同。即当 $u_r > u_c$ 时，给 V_1 和 V_4 以导通信号，给 V_2 和 V_3 以关断信号，这时如 $i_o > 0$，则 V_1 和 V_4 通，如 $i_o < 0$，则 VD_1 和 VD_4 通，不管哪种情况，都是输出电压 $u_o = U_d$。当 $u_r < u_c$ 时，给 V_2 和 V_3 以导通信号，给 V_1 和 V_4 以关断信号，这时如 $i_o > 0$，则 V_2 和 V_3 通，如 $i_o < 0$，则 VD_2 和 VD_3 通，不管哪种情况，都是输出电压 $u_o = -U_d$。

可以看出，单相桥式电路既可采取单极性调制，也可采用双极性调制，由于对开关器件通断控制的规律不同，它们的输出波形也有较大的差别。

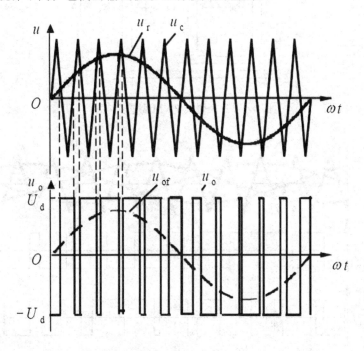

图 7-6　双极性 PWM 控制方式波形

图 7-7 是三相桥式 PWM 型逆变电路，这种电路都是采用双极性控制方式。U、V 和 W 三相的 PWM 控制通常共用一个三角波载波 u_c，三相的调制信号 u_{rU}、u_{rV} 和 u_{rW} 依次相差 120°。U、V 和 W 各相功率开关器件的控制规律相同，现以 U 相为例来说明。当 $u_{rU} > u_c$ 时，给上桥臂 V_1 以导通信号，给下桥臂 V_4 以关断信号，则 U 相相对于直流电源假想中点 N′ 的输出电压 $u_{UN'} = U_d/2$。当 $u_{rU} < u_c$ 时，给 V_4 以导通信号，给 V_1 以关断信号，则仍 $u_{UN'} = -U_d/2$。V_1 和 V_4 的驱动信号始终是互补的。当给 V_1（V_4）加导通信号时，可能是 V_1（V_4）导通，也可能是二极管 VD_1（VD_4）续流导通，这要由阻感负载中电流的方向来决定，这和单相桥式 PWM 型逆变电路在双极性控制时的情况相同。V 相及 W 相的控制方式都和 U 相相同。电路的波形如图 7-8 所示。可以看出，$u_{UN'}$、$u_{VN'}$ 和 $u_{WN'}$ 的 PWM 波形都只有 $\pm U_d/2$ 两种电平。图中的线电压波形 u_{UN} 的波形可由 $u_{UN'} - u_{VN'}$ 得出。可以看出，当臂 1 和 6 导通时，$u_{UN} = U_d$，当臂 3 和 4 导通时，$u_{UN} = -U_d$，当臂 1 和 3 或臂 4 和 6 导通时，$u_{UN} = 0$。因此，逆变器的输出线电压 PWM 波由 $\pm U_d$ 和 0 三种电平构成。图 7-8 中的负载

相电压 u_{UN} 可由下式求得

$$u_{UN} = u_{UN'} - \frac{u_{UN'} + u_{VN'} + u_{WN'}}{3}$$

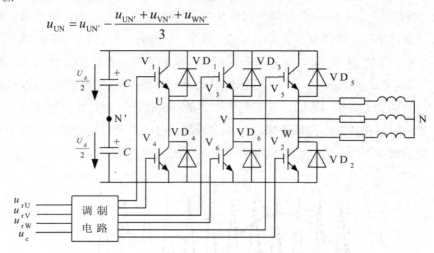

图 7-7 三相桥式 PWM 型逆变电路

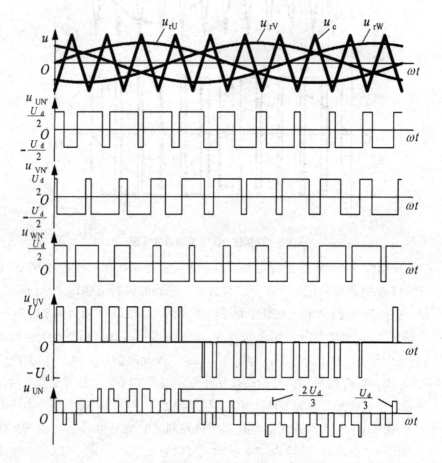

图 7-8 三相桥式 PWM 型逆变电路波形

从波形图和上式可以看出，负载相电压的 PWM 波由（±2/3）U_d（±1/3）U_d 和 0 共 5 种电平组成。

在电压型逆变电路的 PWM 控制中同一相上下两臂的驱动信号都是互补的。但实际上为了防止上下两个臂直通而造成短路，在上下两臂通断切换时要留一小段上下臂都施加关断信号的死区时间。死区时间的长短主要由功率开关器件的关断时间来决定。这个死区时间将会给输出的 PWM 波形带来一定影响，使其稍稍偏离正弦波。

上面着重讲述了用调制法产生 PWM 波形。下面再介绍一种特定谐波消去法（selected harmonic elimination PWM，SHEPWM）。这种方法是计算法中一种较有代表性的方法：

图 7-9 是图 7-7 的三相桥式 PWM 逆变电路中 $u_{UN'}$ 的波形。图 7-9 中，在输出电压的半个周期内，器件开通和关断各 3 次（不包括 0 和 π 时刻），共有 6 个开关时刻可以控制。实际上，为了减少谐波并简化控制，要尽量使波形具有对称性。首先，为了消除偶次谐波，应使波形正负两半周期镜对称，即

逆变电路波形

$$u(\omega t) = -u(\omega t + \pi) \tag{7-1}$$

其次，为了消除谐波中的余弦项，简化计算过程，应使波形在正半周期内前后 1/4 周期以 $\pi/2$ 为轴线对称，即

$$u(\omega t) = u(\pi - \omega t) \tag{7-2}$$

同时满足式（7-1）和式（7-2）的波形称为 1/4 周期对称波形。这种波形可用傅里叶级数表示为

$$u(\omega t) = \sum_{n=1,3,5\cdots}^{\infty} a_n \sin n\omega t \tag{7-3}$$

式中，a_n 为 $a_n = \dfrac{4}{\pi}\int_0^{\frac{\pi}{2}} u(\omega t)\sin n\omega t \, \mathrm{d}\omega t$

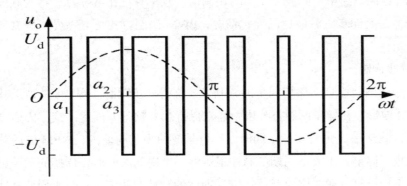

图 7-9 特定谐波消去法的输出 PWM 波形

因为图 7-9 的波形是 1/4 周期对称的，所以在一个周期内的 12 个开关时刻（不包括 0 和 π 时刻）中，能够独立控制的只有 α_1、α_2 和 α_3 共 3 个时刻。该波形的 a_n 为

$$a_n = \frac{4}{\pi}\left[\int_0^{\alpha_1}\frac{U_d}{2}\sin n\omega t\,\mathrm{d}\omega t + \int_{\alpha_1}^{\alpha_2}\left(-\frac{U_d}{2}\sin n\omega t\right)\mathrm{d}\omega t + \int_{\alpha_2}^{\alpha_3}\frac{U_d}{2}\sin n\omega t\,\mathrm{d}\omega t + \int_{\alpha_3}^{\frac{\pi}{2}}\left(-\frac{U_d}{2}\sin n\omega t\right)\mathrm{d}\omega t\right]$$

$$= \frac{2U_d}{n\pi}\left(1 - 2\cos n\alpha_1 + 2\cos n\alpha_2 - 2\cos n\alpha_3\right) \tag{7-4}$$

式中：$n=1$，3，5，…式（7-4）中含有 α_1、α_2 和 α_3 三个可以控制的变量，根据需要确定基波分量 a_1 的值，再令两个不同的 $a_n=0$，就可以建立三个方程，联立可求得 α_1、α_2 和 α_3。这样，即可以消去两种特定频率的谐波。通常在三相对称电路的线电压中，相电压所含的 3 次谐波相互抵消，因此通常可以考虑消去 5 次和 7 次谐波。这样，可得如下联立方程

$$
\left.
\begin{aligned}
a_1 &= \frac{2U_d}{\pi}\left(1 - 2\cos\alpha_1 + 2\cos\alpha_2 - 2\cos\alpha_3\right) \\
a_5 &= \frac{2U_d}{5\pi}\left(1 - 2\cos 5\alpha_1 + 2\cos 5\alpha_2 - 2\cos 5\alpha_3\right) \\
a_7 &= \frac{2U_d}{7\pi}\left(1 - 2\cos 7\alpha_1 + 2\cos 7\alpha_2 - 2\cos 7\alpha_3\right)
\end{aligned}
\right\}
\qquad (7\text{-}5)
$$

对于给定的基波幅值 a_1，求解上述方程可得一组 α_1、α_2 和 α_3。基波幅值 a_1 改变时，α_1、α_2 和 α_3 也相应地改变。

上面是在输出电压的半周期内器件导通和关断各 3 次时的情况。一般来说，如果在输出电压半个周期内开关器件开通和关断各 k 次，考虑到 PWM 波 1/4 周期对称，共有 k 个开关时刻可以控制。除去用一个自由度来控制基波幅值外，可以消去（$k-1$）个频率的特定谐波。当然，k 越大，开关时刻的计算也越复杂。

除计算法和调制法两种 PWM 波形生成方法外，还有一种由跟踪控制产生 PWM 波形的方法，这种方法将在本章第三部分介绍。

二、异步调制和同步调制

在 PWM 控制电路中，载波频率 f_c 与调制信号频率 f_r 之比 $N=f_c/f_r$，称为载波比。根据载波和信号波是否同步及载波比的变化情况，PWM 调制方式可分为异步调制和同步调制两种。

（1）异步调制

载波信号和调制信号不保持同步的调制方式称为异步调制。图 7-8 的波形就是异步调制三相 PWM 波形。在异步调制方式中，通常保持载波频率 f_c 固定不变，因而当信号波频率 f_r 变化时，载波比 N 是变化的。同时，在信号波的半个周期内，PWM 波的脉冲个数不固定，相位也不固定，正负半周期的脉冲不对称，半周期内前后 1 周期的脉冲也不对称。当信号波频率较低时，载波比 N 较大，一周期内的脉冲数较多，正负半周期脉冲不对称和半周期内前后 1 周期脉冲不对称产生的不利影响都较小，PWM 波形接近正弦波。当信号波频率增高时，载波比 N 减小，一周期内的脉冲数减少，PWM 脉冲不对称的影响就变大，有时信号波的微小变化还会产生 PWM 脉冲的跳动。这就使得输出 PWM 波和正弦波的差异变大。对于三相 PWM 型逆变电路来说，三相输出的对称性也变差。因此，在采用异步调制方式时，希望采用较高的载波频率，以使在信号波频率较高时仍能保持较大的载波比。

（2）同步调制

载波比 N 等于常数，并在变频时使载波和信波保持同步的方式称为同步调制。在基本

同步调制方式中，信号波频率变化时载波比 N 不变，信号波一个周期内输出的脉冲数是固定的，脉冲相位也是固定的。在三相 PWM 逆变电路中，通常共用一个三角波载波，且取载波比 N 为 3 的整数倍，以使三相输出波形严格对称。同时，为了使一相的 PWM 波正负半周期对称，N 应取奇数。图 7-10 的例子是 $N=9$ 时的同步调制三相 PWM 波形。

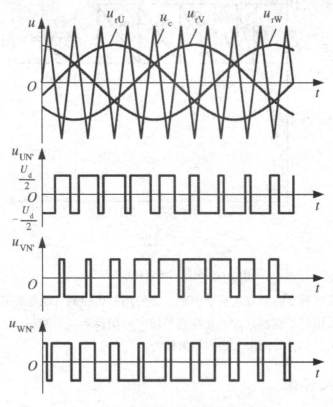

图 7-10 同步调制三相 PWM 波形

当逆变电路输出频率很低时，同步调制时的载波频率 f_c 也很低。f_c 过低时由调制带来的谐波不易滤除。当负载为电动机时也会带来较大的转矩脉动和噪声。当逆变电路输出频率很高时，同步调制时的载波频率 f_c 会过高，使开关器件难以承受。

为了克服上述缺点，可以采用分段同步调制的方法。即把逆变电路的输出频率范围划分成若干个频段，每个频段内都保持载波比 N 为恒定，不同频段的载波比不同。在输出频率高的频段采用较低的载波比，以使载波频率不致过高，限制在功率开关器件允许的范围内。在输出频率低的频段采用较高的载波比，以使载波频率不致过低而对负载产生不利影响。各频段的载波比取 3 的整数倍且为奇数为宜。

图 7-11 给出了分段同步调制的一个例子，各频段的载波比标在图中。为了防止载波频率在切换点附近来回跳动，在各频率切换点采用了滞后切换的方法。图中切换点处的实线表示输出频率增高时的切换频率，虚线表示输出频率降低时的切换频率，前者略高于后者而形成滞后切换。在不同的频率段内，载波频率的变化范围基本一致，人在 1.4~2.0kHz 之间。

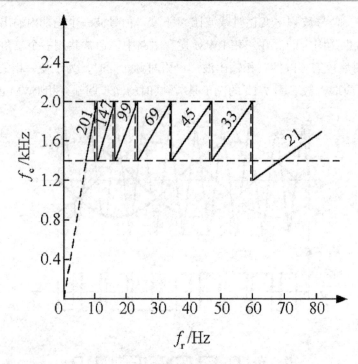

图 7-11　分段同步调制方式举例

同步调制方式比异步调制方式复杂一些，但使用微机控制时还是容易实现的。有的装置在低频输出时采用异步调制方式，而在高频输出时切换到同步调制方式，这样可以把两者的优点结合起来，和分段同步方式的效果接近。

三、规则采样法

按照 SPWM 控制的基本原理，在正弦波和三角波的自然交点时刻控制功率开关器件的通断，这种生成 SPWM 波形的方法称为自然采样法。自然采样法是最基本的方法，所得到的 SPWM 波形很接近正弦波。但这种方法要求解复杂的超越方程，在采用微机控制技术时需花费大量的计算时间，难以在实时控制中在线计算，因而在工程上实际应用不多。

规则采样法是一种应用较广的工程实用方法，其效果接近自然采样法，但计算量却比自然采样法小得多。图 7-12 为规则采样法说明图。取三角波两个正峰值之间为一个采样周期 T_c。在自然采样法中，每个脉冲的中点并不和三角波一周期的中点（即负峰点）重合。而规则采样法使两者重合，也就是使每个脉冲的中点都以相应的三角波中点为对称，这样就使计算大为简化。如图 7-12 所示，在三角波的负峰时刻 t_D 对正弦信号波采样而得到 D 点，过 D 点作一水平直线和三角波分别交于 A 点和 B 点，在 A 点时刻 t_A 和 B 点时刻 t_B 控制功率开关器件的通断。可以看出，用这种规则采样法得到的脉冲宽度 δ 和用自然采样法得到的脉冲宽度非常接近。

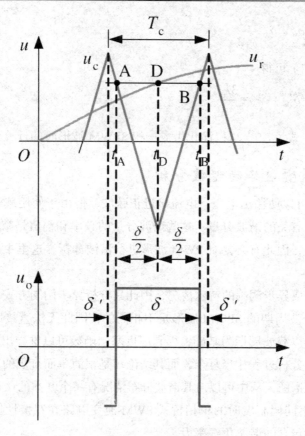

图 7-12　规则采样法

设正弦调制信号波为

$$u_r = a\sin\omega_r t$$

式中：a 称为调制度，$0 \leqslant a < 1$；ω_r 为正弦信号波角频率。从图 7-12 中可得如下关系式

$$\frac{1 + a\sin\omega_r t_D}{\delta/2} = \frac{2}{T_c/2}$$

因此可得

$$\delta = \frac{T_c}{2}\left(1 + a\sin\omega_r t_D\right) \tag{7-6}$$

在三角波的一周期内，脉冲两边的间隙宽度 δ' 为

$$\delta' = \frac{1}{2}\left(T_c - \delta\right) = \frac{T_c}{4}\left(1 - a\sin\omega_r t_D\right) \tag{7-7}$$

对于三相桥式逆变电路来说，应该形成三相 SPWM 波形。通常三相的三角波载波是公用的，三相正弦调制波的相位依次相差 120°。设在同一三角波周期内三相的脉冲宽度分别为 δ_U、δ_V 和 δ_W，脉冲两边的间隙宽度分别为 δ'_U、δ'_V 和 δ'_W，由于在同一时刻三相正弦调制波电压之和为零，故由式（7-6）可得

$$\delta_U + \delta_V + \delta_W = \frac{3T_c}{2} \tag{7-8}$$

同样，由式（7-7）可得

$$\delta'_U + \delta'_V + \delta'_W = \frac{3T_c}{4} \tag{7-9}$$

利用式（7-8）、式（7-9）可以简化生成三相 SPWM 波形时的计算。

四、PWM 逆变电路的谐波分析

PWM 逆变电路可以使输出电压、电流接近正弦波，但由于使用载波对正弦信号波调制，也产生了和载波有关的谐波分量。这些谐波分量的频率和幅值是衡量 PWM 逆变电路性能的重要指标之一，因此有必要对 PWM 波形进行谐波分析。这里主要分析常用的双极性 SPWM 波形。

同步调制可以看成异步调制的特殊情况，因此只分析异步调制方式就可以了。采用异步调制时，不同信号波周期的 SPWM 波形是不相同的，因此无法直接以信号波周期为基准进行傅里叶分析。以载波周期为基础，再利用贝塞尔函数可以推导出 PWM 波的傅里叶级数表达式，但这种分析过程相当复杂，而其结论却是很简单而直观的。因此，这里只给出典型分析结果的频谱图，从中可以对其谐波分布情况有一个基本的认识。

图 7-13 给出了不同调制度时的单相桥式 PWM 逆变电路在双极性调制方式下输出电压的频谱图。其中所包含的谐波角频率为

$$n\omega_c \pm k\omega_r \tag{7-10}$$

式中：$n=1$，3，5，$\cdots$时，$k=0$，2，4，$\cdots$；$n=2$，4，6，$\cdots$时，$k=1$，3，5，$\cdots$。

可以看出，其 PWM 波中不含有低次谐波，只含有角频率为 ω_c 及其附近的谐波，以及 $2\omega_c$、$3\omega_c$ 等及其附近的谐波。在上述谐波中，幅值最高影响最大的是角频率为 ω_c 的谐波分量。

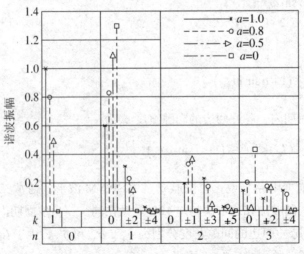

图 7-13　单相 PWM 桥式逆变电路输出线电压频谱图

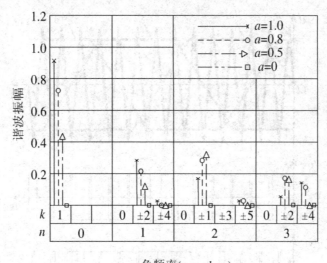

角频率$(n\omega_\text{c}+k\omega_\text{r})$

图 7-14　三相桥式 PWM 逆变电路输出线电压频谱图

三相桥式 PWM 逆变电路可以每相各有一个载波信号，也可以三相公用一个载波信号。这里只分析应用较多的公用载波信号时的情况。在其输出线电压中，所包含的谐波角频率为

$$n\omega_\text{c} \pm k\omega_\text{r} \tag{7-10}$$

式　中：n=1，3，5，　…　时，k=3（2m−1）±1，m=1，2，　…；n=2，4，6，…

时，$k = \begin{cases} 6m+1 & m=0, 1, \cdots \\ 6m-1 & m=0, 1, \cdots \end{cases}$。

图 7-14 给出了不同调制度 a 时的三相桥式 PWM 逆变电路输出线电压的频谱图。和图 7-13 单相电路时的情况相比较，共同点是都不含低次谐波，一个较显著的区别是载波角频率 ω_c 整数倍的谐波没有了，谐波中幅值较高的是 $\omega_\text{c} \pm 2\omega_\text{r}$ 和 $2\omega_\text{c} \pm \omega_\text{r}$。

上述分析都是在理想条件下进行的。在实际电路中，由于采样时刻的误差以及为避免同一相上下桥臂直通而设置的死区的影响，谐波的分布情况将更为复杂。一般来说，实际电路中的谐波含量比理想条件下要多一些，甚至还会出现少量的低次谐波。从上述分析中可以看出，SPWM 波形中所含的谐波主要是角频率为 ω_c、$2\omega_\text{c}$，及其附近的谐波。一般情况下 $\omega_\text{c} \gg \omega_\text{r}$，所以 PWM 波形中所含的主要谐波的频率要比基波频率高得多，是很容易滤除的。载波频率越高，SPWM 波形中谐波频率就越高，所需滤波器的体积就越小。另外，一般的滤波器都有一定的带宽，如按载波频率设计滤波器，载波附近的谐波也可滤除。如滤波器设计为高通滤波器，且按载波角频率 ω_c 来设计，那么角频率为 $2\omega_\text{c}$、$3\omega_\text{c}$ 等及其附近的谐波也就同时被滤除了。

当调制信号波不是正弦波，而是其他波形时，上述分析也有很大的参考价值。在这种情况下，对生成的 PWM 波形进行谐波分析后，可发现其谐波由两部分组成。一部分是对信号波本身进行谐波分析所得的结果，另一部分是由于信号波对载波的调制而产生的谐波。后者的谐波分布情况和前面对 SPWM 波所进行的谐波分析是一致的。

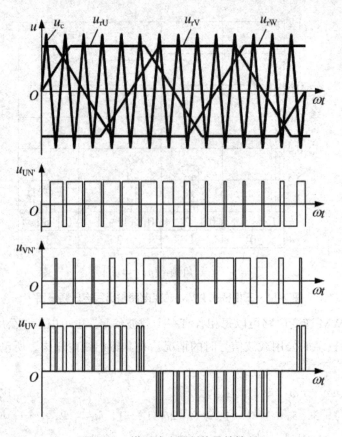

图 7-15　梯形波为调制信号的控制

五、提高直流电压利用率和减少开关次数

从上一节的谐波分析可知，用正弦信号波对三角波载波进行调制时，只要载波比足够高，所得到的 PWM 波中不含低次谐波，只含和载波频率有关的高次谐波。输出波形中所含谐波的多少是衡量 PWM 控制方法优劣的基本标志，但不是唯一的标志提高逆变电路的直流电压利用率、减少开关次数也是很重要的。直流电压利用率是指逆变电路所能输出的交流电压基波最大幅值 U_{1m} 和直流电压 U_d 之比，提高直流电压利用率可以提高逆变器的输出能力。减少功率器件的开关次数可以降低开关损耗。

对于正弦波调制的三相 PWM 逆变电路来说，在调制度 a 最大值为 1 时，输出相电压基波幅值为 $U_d/2$，输出线电压的基波幅值为，即直流电压利用率仅为 0.866。这个直流电压利用率是比较低的，其原因是正弦调制信号的幅值不能超过三角波幅值。实际电路工作时，考虑到功率器件的开通和关断都需要时间，如不采取其他措施，调制度不可能达到 1。因此，采用这种正弦波和三角波比较的调制方法时，实际能得到的直流电压利用率比 0.866 还要低。

不用正弦波，而采用梯形波作为调制信号，可以有效地提高直流电压利用率。因为当梯形波幅值和三角波幅值相等时，梯形波所含的基波分量幅值已超过了三角波幅值。采用这种调制方式时，决定功率开关器件通断的方法和用正弦波作为调制信号波时完全相同。

图 7-15 给出了这种方法的原理及输出电压波形。这里对梯形波的形状用三角化率 $\sigma=U_t/U_{t0}$。来描述，其中 U_t 为以横轴为底时梯形波的高，U_{t0} 为以在调制度为最大值 1 时，输出相电压的横轴为底边把梯形两腰延长后相交所形成的三角形的高。$\sigma=0$ 时梯形波变为矩形波，$\sigma=1$ 时梯形波变为三角波。由于梯形波中含有低次谐波，故调制后的 PWM 波仍含有同样的低次谐波。设由这些低次谐波（不包括由载波引起的谐波）产生的波形畸变率为 δ，则三角化率 σ 不同时，δ 和直流电压利用率 U_{1m}/U_d 也不同。图 7-16 给出了 δ 和 U_{1m}/U_d 随 σ 变化的情况，图 7-17 给出了 σ 变化时各次谐波分量幅值 U_{nm} 和基波幅值 U_{1m} 之比。从图 7-16 可以看出，$\sigma=0.8$ 左右时谐波含量最少，但直流电压利用率也较低。$\sigma=0.4$ 时，谐波含量也较少，δ 约为 3.6%，而直流电压利用率为 1.03，是正弦波调制时的 1.19 倍，其综合效果是比较好的。图 7-15 即为 $\sigma=0.4$ 时的波形。

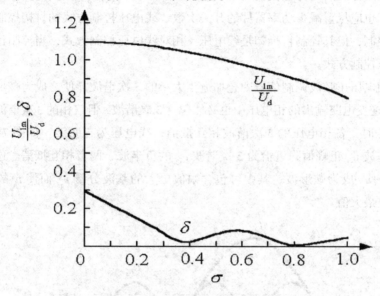

7-16　σ 变化时的 δ 和直流电压利用率

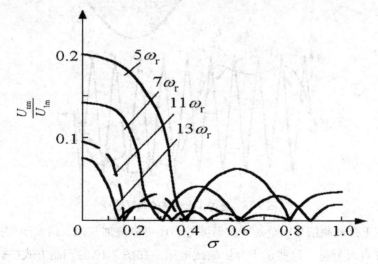

图 7-17　σ 变化时的各次谐波含量图

从图 7-17 中可以看出，用梯形波调制时，输出波形中含有 5 次、7 次等低次谐波，这是梯形波调制的缺点。实际使用时，可以考虑当输出电压较低时用正弦波作为调制信号，使输出电压不低次谐波；当正弦波调制不能满足输出电压的要求时，改用梯形波调制，以提高直流电压利用率。

前面所介绍的各种 PWM 控制方法用于三相逆变电路时，都是对三相输出相电压分别进行控制的。这里所说的相电压是指逆变电路各输出端相对于直流电源中点的电压。实际上负载常常没有中点，即使有中点一般也不和直流电源中点相连接，因此对负载所提供的是线电压。在逆变电路输出的三个线电压中，独立的只有两个。对两个线电压进行控制，适当地利用多余的一个自由度来改善控制性能，这就是线电压控制方式。

线电压控制方式的目标是使输出的线电压波形中不含低次谐波，同时尽可能提高直流电压利用率，也应尽量减少功率器件的开关次数。线电压控制方式的直接控制手段仍是对相电压进行控制，但其控制目标却是线电压。相对线电压控制方式，当控制目标为相电压时称为相电压控制方式。

如果在相电压正弦波调制信号中叠加适当大小的 3 次谐波，使之成为鞍形波，则经过 PWM 调制后逆变电路输出的相电压中也必然包含 3 次谐波，但三相的 3 次谐波相位相同。在合成线电压时，各相电压的 3 次谐波相互抵消，线电压为正弦波。如图 7-18 所示，在调制信号中基波 u_{r1} 正峰值附近恰为 3 次谐波 u_{r3} 的负半波，两者相互抵消。这样，就使调制信号 $u_r = u_{r1} + u_{r3}$ 成为鞍形波，其中可包含幅值更大的基波分量 u_{r1} 而使 u_r 的最大值不超过三角波载波最大值。

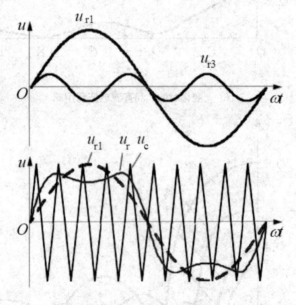

图 7-18 叠加 3 次谐波的调制信号

除可以在正弦调制信号中叠加 3 次谐波外，还可以叠加其他 3 倍频于正弦波的信号，也可以再叠加直流分量，这些都不会影响线电压。在图 7-19 的调制方式中，给正弦信号所叠加的信号 u_p 中既包含 3 的整数倍次谐波，也包含直流分量，而且 u_p 的大小是随正弦信号的大小而变化的。设三角波载波幅值为1，三相调制信号中的正弦波分量分别为 u_{rU1}、u_{rV1} 和 u_{rW1}，并令

$$u_P = -\min(u_{rU1},\, u_{rV1},\, u_{rW1}) - 1 \qquad (7\text{-}12)$$

则三相的调制信号分别为

$$\left.\begin{aligned}u_{rU} &= u_{rU1} + u_P\\u_{rV} &= u_{rV1} + u_P\\u_{rW} &= u_{rW1} + u_P\end{aligned}\right\} \qquad (7\text{-}13)$$

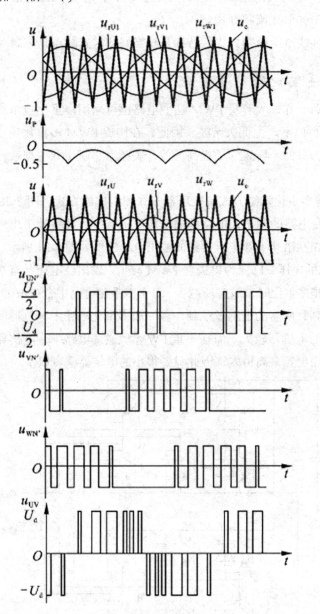

图 7-19 线电压控制方式举例图

可以看出，不论、和幅值的大小，u_{rU}、u_{rV} 和 u_{rW} 中总有 1/3 周期的值是和三角波负峰值是相等的，其值为 −1。在这 1 个周期中，并不对调制信号值为 −1 的一相进行控制，

而只对其他两相进行 PWM 控制，因此，这种控制方式也称为两相控制方式。这也是选择式（7-12）的 u_p 作为叠加信号的一个重要原因。从图 7-19 可以看出，这种控制方式有以下优点：

①在信号波的 13 周期内开关器件不动作，可使功率器件的开关损耗减少 1/3。

②最大输出线电压基波幅值为 U_d，和相电压控制方法相比，直流电压利用率提高了 15%。

③输出线电压中不含低次谐波，这是因为相电压中相应于 u_p 的谐波分量相互抵消的缘故。这一性能优于梯形波调制方式。

可以看出，这种线电压控制方式的特性是相当好的。其缺点是控制有些复杂。

六、PWM 逆变电路的多重化

和一般逆变电路一样，大容量 PWM 逆变电路也可采用多重化技术来减少谐波。采用 SPWM 技术理论上可以不产生低次谐波，因此，在构成 PWM 多重化逆变电路时，一般不再以减少低次谐波为目的，而是为了提高等效开关频率，减少开关损耗，减少和载波有关的谐波分量。

PWM 逆变电路多重化联结方式有变压器方式和电抗器方式，图 7-20 是利用电抗器连接的二重 PWM 逆变电路的例子，电路的输出从电抗器中心抽头处引出。图中两个单元逆变电路的载波信号相互错开 180°，所得到的输出电压波形如图 7-21 所示。图中输出端相对于直流电源中点 N′ 的电压，已变为单极性 PWM 波了。输出线电压共有 0、（±1/2）U_d、±U_d 5 个电平，比非多重化时谐波有所减少。对于多重化电路中合成波形用的电抗器来说，所加电压的频率越高，所需的电感量就越小。一般多重化电路中电抗器所加电压频率为输出频率，因而需要的电抗器较大。而在多重 PWM 型逆变电路中，电抗器上所加电压的频率为载波频率，比输出频率高得多，因此只要很小的电抗器就可以了。

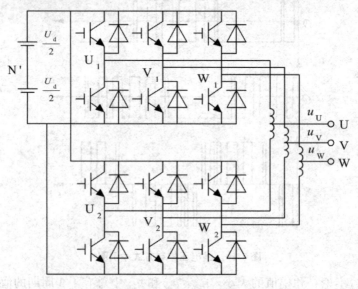

7-20 二重型逆变电路

二重化后，输出电压中所含谐波的角频率仍可表示为 $n\omega_c+k\omega_r$，但其中当 n 为奇数时的谐波已全部被除去，谐波的最低频率在 $2\omega_c$ 附近，相当于电路的等效载波频率提高了一倍。

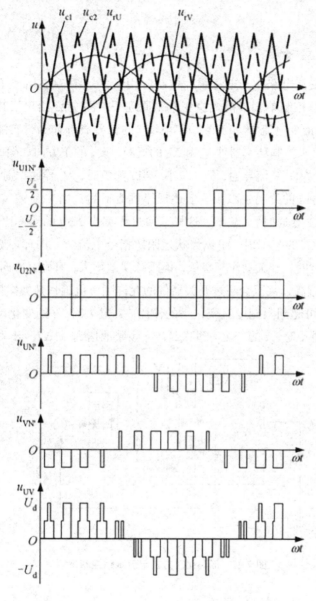

图 7-21　二重型逆变电路输出波形

第三节　PWM 跟踪控制方法

前面介绍了计算法和调制法两种 PWM 波形生成方法，重点讲述的是调制法。本节介绍的是第三种方法，即跟踪控制方法。这种方法不是用信号波对载波进行调制，而是把希望输出的电流或电压波形作为指令信号，把实际电流或电压波形作为反馈信号，通过两者的瞬时值比较来决定逆变电路各功率开关器件的通断，使实际的输出跟踪指令信号变化。因此，这种控制方法称为跟踪控制法。跟踪控制法中常用的有滞环比较方式和三角波比较方式。

一、滞环比较方式

跟踪型 PWM 变流电路中，电流跟踪控制应用最多。图 7-22 给出了采用滞环比较方式的 PWM 电流跟踪控制单相半桥式逆变电路原理图。图 7-23 给出了其输出电流波形。如图 7-22 所示，把指令电流 $i*$ 和实际输出电流 i 的偏差 $i*-i$ 作为带有滞环特性的比较器的输入，通过其输出来控制功率器件 V_1 和 V_2 的通断。设 i 的正方向如图所示。当 i 为正时，V_1 导通，则 i 增大；VD_2 续流导通，则 i 减小。当 i 为负时，V_1 导通，则 i 的绝对值增大，VD_2 续流导通时，则 i 的绝对值减小。上述规律可概括为：当 V_1（或 VD_1）导通时，i 增大，当 V_2（或 VD_2）导通时，i 减小。这样，通过环宽为 $2\Delta I$ 的滞环比较器的控制，i 就在 $i*+\Delta I/$ 和 $i*-\Delta I$，的范围内，呈锯齿状地跟踪指令电流 $i*$。滞环环宽对跟踪性能有较大的影响。环宽过宽时，开关动作频率低，但跟踪误差增大；环宽过窄时，跟踪误差减小，但开关的动作频率过高，甚至会超过开关器件的允许频率范围，开关损耗随之增大。和负载串联的电抗器 L 可起到限制电流变化率的作用。L 过大时，i 的变化率过小，对指令电流的跟踪变慢；L 过小时，i 的变化率过大，$i*-i$ 频繁地达到 $\pm\Delta I$，开关动作频率过高。

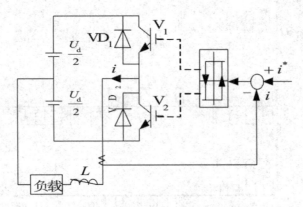

图 7-22　滞环比较方式电流跟踪控制举例

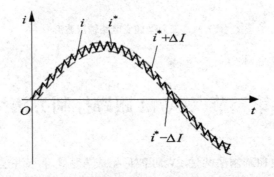

图 7-23　滞环比较方式的指令电流和输出电流

　　图 7-24 是采用滞环比较方式的三相电流跟踪型 PWM 逆变电路，它由和图 7-22 相同的三个单相半桥电路组成，三相电流指令信号、和依次相差 120°。图 7-25 给出了该电路输出的线电压和线电流的波形。可以看出，在线电压的正半周和负半周内，都有极性相反的脉冲输出，这将使输出电压中的谐波分量增大，也使负载的谐波损耗增加。

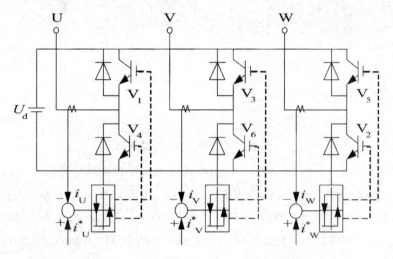

图 7-24　三相电流跟踪型 PWM 逆变电路

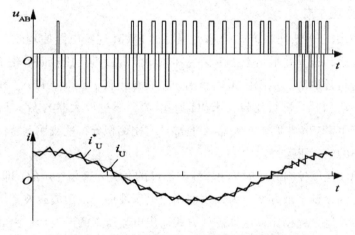

图 7-25　三相电流跟踪型 PWM 逆变电路输出波形

　　采用滞环比较方式的电流跟踪型 PWM 变流电路有如下特点：①硬件电路简单；②属于实时控制方式，电流响应快；③不用载波，输出电压波形中不含特定频率的谐波分量；④和计算法及调制法相比，相同开关频率时输出电流中高次谐波含量较多；⑤属于闭环控制，这是各种跟踪型 PWM 变流电路的共同特点。

　　采用滞环比较方式也可以实现电压跟踪控制，图 7-26 给出了一个例子。把指令电压 u^* 和半桥逆变电路的输出电压 u 进行比较，通过滤波器滤除偏差信号中的谐波分量，滤波器的输出送入滞环比较器，由比较器的输出控制主电路开关器件的通断，从而实现电压跟踪控制。和电流跟踪控制电路相比，只是把指令信号和反馈信号从电流变为电压。另外，因输出电压是 PWM 波形，其中含有大量的高次谐波，故必须用适当的滤波器滤除。

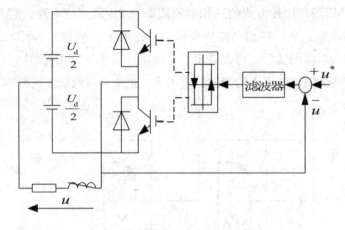

图 7-26　电压跟踪控制电路举例

当上述电路的指令信号 u*=0 时，输出电压 u 为频率较高的矩形波，相当于一个自励振荡电路。u* 为直流信号时，u 产生直流偏移，变为正负脉冲宽度不等，正宽负窄或正窄负宽的矩形波，正负脉冲宽度差由 u* 的极性和大小决定。当 u* 为交流信号时，只要其频率远低于上述自励振荡频率，从输出电压 u 中滤除由功率器件通断所产生的高次谐波后，所得的波形就几乎和 u* 相同，从而实现电压跟踪控制。

2. 三角波比较方式

图 7-27 是采用三角波比较方式的电流跟踪型 PWM 逆变电路原理图。和前面所介绍的调制法不同的是，这里并不是把指令信号和三角波直接进行比较而产生 PWM 波形，而是通过闭环来进行控制的。从图中可以看出，把指令电流 i^*_U、i^*_V 和 i^*_W 和逆变电路实际输出的电流 i_U、i_V 和 i_W。进行比较，求出偏差电流，通过放大器 A 放大后，再去和三角波进行比较，产生 PWM 波形。放大器 A 通常具有比例积分特性或比例特性，其系数直接影响着逆变电路的电流跟踪特性。

在这种三角波比较控制方式中，功率开关器件的开关频率是一定的，即等于载波频率，这给高频滤波器的设计带来方便。为了改善输出电压波形，三角波载波常用三相三角波信号。和滞环比较控制方式相比，这种控制方式输出电流所含的谐波少，因此常用于对谐波和噪声要求严格的场合。

除上述滞环比较方式和三角波比较方式外，PWM 跟踪控制还有一种定时比较方式。这种方式不用滞环比较器，而是设置一个固定的时钟，以固定的采样周期对指令信号和被控制变量进行采样，并根据二者偏差的极性来控制变流电路开关器件的通断。使被控制量跟踪指令信号。

以图 7-22 的单相半桥逆变电路为例，在时钟信号到来的采样时刻，如果实际电流 i 小于指令电流 i*，令 V_1 导通，V_2 关断，使 i 增大；如果 i 大于 i*，则令 V_1 关断，V_2 导通，使 i 减小。这样，每个采样时刻的控制作用都使实际电流与指令电流的误差减小。采用定时比较方式时，功率器件的最高开关频率为时钟频率的 1/2。和滞环比较方式相比，这种方式的电流控制误差没有一定的环宽，控制的精度要低一些。

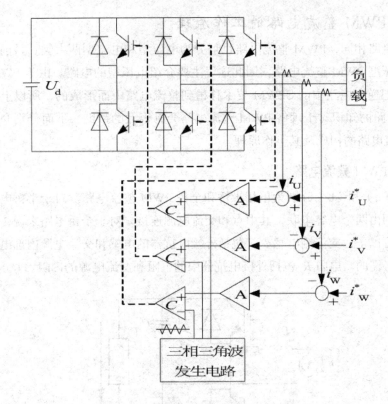

图 7-27　三角波比较方式电流跟踪型逆变电路

第四节　PWM 整流电路及其控制方法

一、PWM 整流电路及其控制方法

目前在各个领域实际应用的整流电路几乎都是晶闸管相控整流电路或二极管整流电路。如模块二所述，晶闸管相控整流电路的输入电流滞后于电压，其滞后角随着触发延迟角 α 的增大而增大，位移因数也随之降低。同时，输入电流中谐波分量也相当大，因此功率因数很低。二极管整流电路虽然位移因数接近 1，但输入电流中谐波分量很大，所以功率因数也很低。如前所述，PWM 控制技术首先是在直流斩波电路和逆变电路中发展起来的。随着以 IGBT 为代表的全控型器件的不断进步，在逆变电路中采用的 PWM 控制技术已相当成熟。目前，SPWM 控制技术已在交流调速用变频器和不间断电源中获得了广泛的应用。把逆变电路中的 SPWM 控制技术用于整流电路，就形成了 PWM 整流电路。通过对 PWM 整流电路的适当控制，可以使其输入电流非常接近正弦波，且和输入电压同相位，功率因数近似为1。这种整流电路也可以称为单位功率因数变流器，或高功率因数整流器。

（一）PWM 整流电路的工作原理

和逆变电路相同，PWM 整流电路也可分为电压型和电流型两大类。目前研究和应用较多的是电压型 PWM 整流电路，因此这里主要介绍电压型的电路。由于 PWM 整流电路可以看成是把逆变电路中的 SPWM 技术移植到整流电路中而形成的，所以上一节讲述的 PWM 逆变电路的知识对于理解 PWM 整流电路会有很大的帮助。下面分别介绍单相和三相 PWM 整流电路的构成及其工作原理。

1. 单相 PWM 整流电路

图 7-28（a）和（b）分别为单相半桥和全桥 PWM 整流电路。对于半桥电路来说，直流侧电容必须由两个电容串联，其中点和交流电源连接。对于全桥电路来说，直流侧电容只要一个就可以了。交流侧电感 L_s。包括外接电抗器的电感和交流电源内部电感，是电路正常下作所必需的。电阻 R_s 包括外接电抗器中的电阻和交流电源的内阻。

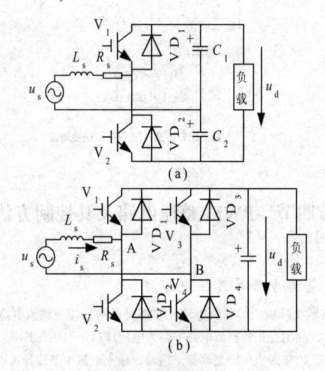

图 7-28　单相整流电路

（a）单相半桥电路；（b）单相全桥电路

下面以全桥电路为例说明 PWM 整流电路的工作原理。由 SPWM 逆变电路的工作原理可知，按照正弦信号波和三角波相比较的方法对图 7-28（b）中的 $V_1 \sim V_4$ 进行 SPWM 控制，就可以在桥的交流输入端 AB 产生一个 SPWM 波 u_{AB}，u_{AB} 中含有和正弦信号波同频率且幅值成比例的基波分量，以及和三角波载波有关的频率很高的谐波，而不含有低次谐波。由于电感 L_s 的滤波作用，高次谐波电压只会使交流电流 i_s 产生很小的脉动，可以忽略。

这样，当正弦信号波的频率和电源频率相同时，i_s 也为与电源频率相同的正弦波。在

交流电源电压 u_s 一定的情况下，i_s 的幅值和相位仅由 u_{AB} 中基波分量 u_{ABf} 的幅值及其与 u_s 的相位差来决定。改变 u_{ABf} 的幅值和相位，就可以使 i_s 和 u_s 同相位、反相位，i_s 比 u_s 超前 90°，或使 i_s 和 u_s 的相位差为所需要的角度。

图 7-29 的相量图说明了这几种情况，图中 $\dot{U}_s$、$\dot{U}_L$、$\dot{U}_R$ 和 $\dot{I}_s$ 分别为交流电源电压 u_s、电感 L_s 上的电压 u_L、电阻 R_s 上的电压 u_R 以及交流电流 i_s 的相量，$\dot{U}_{AB}$ 为的相量。图 7-29（a）中，$\dot{U}_{AB}$ 滞后 $\dot{U}_s$ 的相角为 δ，$\dot{I}_s$ 和 $\dot{U}_s$ 完全同相位，电路工作在整流状态，且功率因数为 1。这就是 PWM 整流电路最基本的工作状态。图 7-29（b）中 $\dot{U}_{AB}$ 滞后 $\dot{U}_s$ 的相角为 δ，$\dot{I}_s$ 和 $\dot{U}_s$ 的相位正好相反，电路工作在逆变状态。这说明 PWM 整流电路可以实现能量正反两个方向的流动，即既可以运行在整流状态，从交流侧向直流侧输送能量；也可以运行在逆变状态，从直流侧向交流侧输送能量。而且，这两种方式都可以在单位功率因数下运行占这一特点对于需要再生制动运行的交流电动机调速系统是很重要的。图 7-29（c）中 $\dot{U}_{AB}$ 滞后 $\dot{U}_s$ 的相角为 δ，$\dot{I}_s$ 超前 $\dot{U}_s$ 的角度为 90°，电路在向交流电源送出无功功率，这时的电路被称为静止无功功率发生器（Static Var Generator，SVG），一般不再称之为 PWM 整流电路了。在图 7-29（d）的情况下，通过对 U_{AB} 幅值和相位的控制，可以使 $\dot{I}_s$ 比 $\dot{U}_s$ 超前或滞后任一角度。

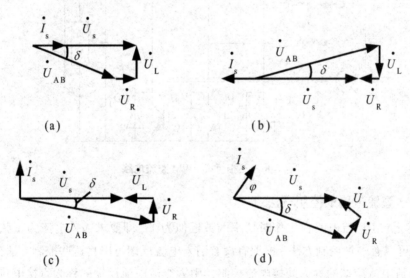

图 7-29　PWM 整流电路的运行方式相量图

（a）整流运行；（b）逆变运行；（c）无功补偿运行；（d）$\dot{I}_s$ 超前角为

对于单相全桥 PWM 整流电路的工作原理再作如下说明。在整流运行状态下，当 $u_s >$ 0 时，由 V_1、VD_4、VD_1、L_s 和 V_3、VD_1、VD_4、L_s 分别组成了两个升压斩波电路。以包含 V_2 的升压斩波电路为例，当 V_2 导通时，u_s 通过 V_2、VD_4 向 L_s 储能，当 V_4 关断时，L_s 中储存的能量通过 VD_1、VD_4 向直流侧电容 C 充电。当 $u_s < 0$ 时，由 V_1、VD_3、VD_2、L_s 和 V_4、VD_2、VD_3、L_s。分别组成了两个升压斩波电路，下作原理和 $u_s > 0$ 时类似。因为电路按升压斩波电路工作，所以如果控制不当，直流侧电容电压可能比交流电压峰值高出许多倍，对电力半导体器件形成威胁。另一方面，如果直流侧电压过低，例如低于 u_s 的峰值，则中就得不到图 7-29（a）中所需要的足够高的基波电压幅值，或中含有较大的低次谐波，这样就不能按照需要控制 i_s，i_s 波形会发生畸变。从上述分析可以看出，电压型 PWM 整流电路是升压型整流电路，其输出直流电压可以从交流电源电压峰值附近向高调节，如要向低调节就会使电路性能恶化，以至不能工作。

（2）三相 PWM 整流电路

图 7-30 是三相桥式 PWM 整流电路，这是最基本的 PWM 整流电路之一，其应用也最为广泛。图中 L_s、R_s 的含义和图 7-28（b）的单相全桥 PWM 整流电路完全相同。电路的工作原理也和前述的单相全桥电路相似，只是从单相扩展到三相。对电路进行 PWM 控制，在桥的交流输入端 A、B 和 C 可得到 SPWM 电压，对各相电压按图 7-29（a）的相量图进行控制，就可以使各相电流 i_a、i_b、i_c 为正弦波且和电压相位相同，功率因数近似为 1。和单相电路相同，该电路也可以工作在图 7-29（b）的逆变运行状态及图 7-29（c）或图 7-29（d）的状态。

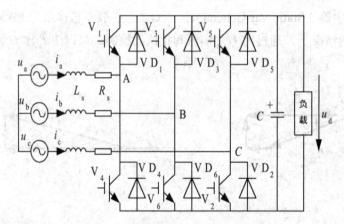

图 7-30　三相桥式 PWM 整流电路

2. PWM 整流电路的控制方法

为了使 PWM 整流电路在工作时功率因数近似为 1，即要求输入电流为正弦波且和电压同相位，可以有多种控制方法。根据有没有引入电流反馈可以将这些控制方法分为两种，没有引入交流电流反馈的称为间接电流控制，引入交流电流反馈的称为直接电流控制。下面分别介绍这两种控制方法的基本原理。

（1）间接电流控制

间接电流控制也称为相位和幅值控制。这种方法就是按照图 7-29（d）（逆变运行时为图 7-29（b））的相量关系来控制整流桥交流输入端电压，使得输入电流和电压同相位，从而得到功率因数为 1 的控制效果。

图 7-31 为间接电流控制的系统结构图，图中的 PWM 整流电路为图 7-30 的三相桥式电路。控制系统的闭环是整流器直流侧电压控制环。直流电压给定信号 u^*_d 和实际的直流电压 u_d 比较后送入 PI 调节器，PI 调节器的输出为一直流电流指令信号 i_d，i_d 的大小和整流器交流输入电流的幅值成正比。稳态时，$u_d = u^*_d$，PI 调节器输入为零，PI 调节器的输出

i_d 和整流器负载电流大小相对应，也和整流器交流输入电流的幅值相对应。当负载电流增大时，直沉侧电容 C 放电而使其电压 u_d 下降，PI 调节器的输入端出现正偏差，使其输出 id 增大，i_d 的增大会使整流器的交流输入电流增大，也使直流侧电压 u_d 回升。达到稳态时，u_d 仍和 u^*_d 相等，PI 调节器输入仍恢复到零，而 i_d 则稳定在新的较大的值，与较大的负载电流和较大的交流输入电流相对应。当负载电流减小时，调节过程和上述过程相反。若整流器要从整流运行变为逆变运行时，首先是负载电流反向而向直流侧电容 C 充电，使 u_d 抬高，PI 调节器出现负偏差，其输出 i_d 减小后变为负值，使交流输入电流相位和电压相位反相，实现逆变运行。达到稳态时，u_d 和 u^*_d 仍然相等，PI 调节器输入恢复到零，其输出 i_d 为负值，并与逆变电流的大小相对应。

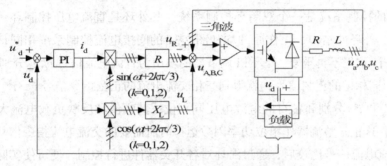

图 7-31　间接电流控制系统结构

下面再来分析控制系统中其余部分的工作原理。图中两个乘法器均为三相乘法器的简单表示，实际上两者均由三个单相乘法器组成。上面的乘法器是 i_d 分别乘以和 a、b、c 三相相电压同相位的正弦信号，再乘以电阻 R，就可得到各相电流在 R_s 上的压降 u_{Ra}、u_{Rb} 和 u_{Rc}；下面的乘法器是 i_d 分别乘以比 a、b、c 三相相电压相位超前 $\pi/2$ 的余弦信号，再乘以电感 L 的感抗，就可得到各相电流在电感 L_s 上的压降 u_{La}、u_{Lb} 和 u_{Lc}。各相电源相电压 u_a、u_b 和 u_c 分别减去前面求得的输入电流在电阻 R 和电感 I 上的压降，就可得到所需要的整流桥交流输入端各相的相电压 u_a、u_b 和 u_c 的信号，用该信号对三角波载波进行调制，得到 PWM 并关信号去控制整流桥，就可以得到需要的控制效果。对照图 7-29（a）的相量图来分析控制系统结构图，可以对图中各环节输出的物理意义和控制原理有更为清楚的认识。

从控制系统结构及上述分析可以看出，这种控制方法在信号运算过程中要用到电路参数 L_s 和 R_s。当 L_s 和 R_s 的运算值和实际值有误差时，必然会影响到控制效果。此外，对照图 7-29（a）可以看出，这种控制方法是基于系统的静态模型设计的，其动态特性较差。因此，间接电流控制的系统应用较少。

（2）直接电流控制

在这种控制方法中，通过运算求出交流输入电流指令值，再引入交流电流反馈，通过对交流电流的直接控制而使其跟踪指令电流值，因此这种方法称为直接电流控制。直接电流控制中有不同的电流跟踪控制方法，图 7-32 给出的是一种最常用的采用电流滞环比较方式的控制系统结构图。

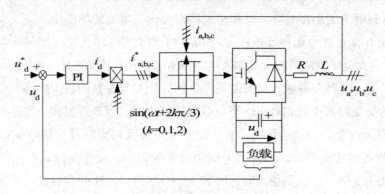

图 7-32 直接电流控制系统结构图

图 7-32 的控制系统是一个双闭环控制系统。其外环是直流电压控制环，内环是交流电流控制环。外环的结构、工作原理均和图 7-31 的间接电流控制系统相同，前面已进行了详细的分析，这里不再重复。外环 PI 调节器的输出为直流电流信号 i_d，i_d 分别乘以和 a、b、c 三相相电压同相位的正弦信号，就得到三相交流电流的正弦指令信号 i_a^*、i_b^* 和 i_c^*。可以看出，i_a^*、i_b^* 和 i_c^* 分别和各自的电源电压同相位，其幅值和反映负载电流大小的直流信号 i_d 成正比，这正是整流器作单位功率因数运行时所需要的交流电流指令信号占该指令信号和实际交流电流信号比较后，通过滞环对各开关器件进行控制，便可使实际交流输入电流跟踪指令值，其跟踪误差在由滞环环宽所决定的范围内。采用滞环电流比较的直接电流控制系统结构简单，电流响应速度快，控制运算中未使用电路参数，系统鲁棒性好，因而获得了较多的应用。

第八章　电力电子中智能控制理论的创新应用

随着电力半导体制造技术、微电子技术，以及控制理论的不断进步，电力电子技术的应用呈现快速发展趋势。当前，随着全球化的能源危机和环境问题的出现，电力电子技术更是凭借其独有的特点和优势，在高效、清洁、节能的科技产品研发创造方面发挥着不可替代的作用。电力电子技术逐渐由传统的电力半导体器件、交直流可变电路、电力传动与控制领域扩展为电气节能、新能源发电和智能电网与能源互联网等先进领域。

电力电子中智能控制理论主要指在无人干预的情况下，可以自主驱动智能机器，达到控制目标的自动控制技术。在电力电子领域，智能控制理论强调以类似于人的经验和智慧，对任务及形式模型、环境、符号进行描述，开发知识库或推理机，研制智能机器模型。

第一节　电力电子中智能控制理论的应用流程

一、模糊逻辑表达

在模糊逻辑表达模块，相关人员需要针对每一输入、输出变量，依据控制力度要求，进行模糊集合构建，并对模糊子集进行合理划分。

二、模糊控制规则表达

表格是模糊控制规则表达的主要渠道。在模糊控制时，相关人员可通过查表。结合简单运算，表示控制过程。

三、模糊逻辑与控制器结合

通过将模糊逻辑与控制器结合，可形成模糊控制器。其主要利用PID（比例积分微分）控制的方式，形成具有一定辨识度的模型。随后在神经模型中，将输入、输出变量作为神经训练样本。最后利用神经训练算法，促使神经网络具备系统非线性特征，达到变换器控制的目的。

第二节　电力电子技术智能化的创新发展

一、电力电子技术智能化的必然趋势

随着电力电子技术的成熟，现实中对电力电子装置的要求越来越高，控制系统也变得日渐复杂。通过对复杂系统的研究发现，系统的非线性、多变量、强耦合等特点往往严重影响我们的系统整体性，这种情况下常规的控制方法就很难达到一个令人满意的效果。而智能控制理论在电力电子中的应用发展给这一问题的解决带来了可能。因为在智能控制理论中就有很多理论在这种非线性、复杂性和不确定性等问题的解决上有很好的适应性。例如模糊控制，神经网络控制，自适应控制等，他们在处理非线性、多变量以及强耦合问题中具有独特的优势。这些都使得智能控制理论在电力电子中的应用成了一个新的研究方向，在现实的电力电子技术的发展中发挥着巨大作用和潜力。

近年来，我国加大对新能源、智能电网和物联网等应用的开发、建设和发展趋势，对设备的要求和系统的响应速度以及各方面性能的要求也越来越高。因此在电力电子装置普遍采用的同时，对其智能化的要求越来越高。要将先进的微电子技术、可视化技术、计算机技术等与电力电子装置有机结合，最终实现系统运行状态的感知、分析、预警、状态评估、信息共享等功能，增强智能电网与能源互联网的自适应能力与稳定性，提升装置自身的可靠性和利用率。电力电子装置智能化是实现新能源、智能电网与能源互联网快速发展的重要技术基础。

二、电力电子控制智能化的应用发展

（一）模糊变结构控制的应用

模糊控制是 20 世纪 60 年代发展起来的一种高级控制策略和新颖技术。模糊控制技术在基于模糊数学理论的基础上，通过模拟人的近似推理和综合决策过程，按照模糊控制规则实施控制，而且此过程不需要考虑其数学模型与系统的矛盾问题。它在算法的稳定性和适应性上得到很大程度的提高，成为智能控制技术的重要组成部分，一般的控制理论很难做到这一点。模糊控制有一个重要特点，就是它也存在"抖振"现象。这种"抖振"现象却成为解决电力电子变结构系统的"抖振"现象的一个意外契机，实现了两者的结合，从而使复杂的问题得到有效解决。

传统的边界层法在解决这种"抖振"现象问题时存在很大的缺陷和不足。但利用模糊控制理论将传统边界层模糊化可实现切换曲面的无抖振切换。通过设计模糊规则来降低抖振，可以在一定程度上降低模糊控制的"抖振"现象，模糊控制柔化了控制信号，可实现不连续控制信号的连续化，可减轻和避免我们电力电子变结构控制应用中的"抖振"现象。

（二）神经网络控制的应用

神经网络在电力电子中的应用主要涉及控制和故障诊断两方面。随着现代电力电子产业的快速发展，其涉及的范围也越来越广泛。如今，人们对于电力电子的控制精度以及稳定性等提出了更高的要求，越来越多的控制要求具备智能化和强适应能力的特征。而神经网络控制技术在电力电子中的应用恰好能够达到这样的控制要求，它使得我们的电力电子控制电路具备了很强的复杂环境的适应能力和多目标控制的自学习能力。理论上来说，其可以设计出一个与系统数学模型无关的，自学习、自适应的，鲁棒性好、动态响应快的智能控制系统。神经网络的这些特性为解决现代电力电子装置控制上的种种难题提供了一条很好的解决途径。

在传统的电力电子故障诊断时，人们主要依靠实践过程中积累的丰富的经验和对电力电子设备的感知能力俗称为"专家经验"。神经网络具有非常强的自学习和自适应能力以及非线性映射特征，所以如果我们利用神经网络的自学习能力来不断获得这种"专家经验"，使得我们的故障诊断系统能够根据历史保存的故障时段波形与故障的原因之间的关联映射通过神经网络的自学习后保存在其结构和权中。通过丰富的样本训练，最终能够实现神经网络故障诊断系统对电力系统或者设备的在线自诊断功能。实践证明，利用神经网络智能化系统的故障诊断系统在变压器的故障诊断、三相整理电路等电力电子电路中得到了很好的实践证明和广泛应用，极大地提高了系统的运行效率。

（三）预测控制系统的应用

预测控制系统在电力电子中的优势在于，它是一种致力于更长的时间跨度甚至无穷时间的最优化控制。它将控制过程分解为若干个更短时间跨度或者有限时间跨度的最优化问题，并在一定程度上仍然追求最优解。因此比较与传统的控制技术中以时间序列分析和统计学两种基本形式来说，其优势在于预测控制策越的复杂控制系统的复杂度更低以及具有更高的精度和鲁棒性。

例如在电网中电力系统的运行过程，由于供配电用电安全的需要，以及如何根据具体的实时用电状态来及时调整发电和向线路各用户配电的问题，是一项非常复杂而又重要的工作。过去国内采用的大多是传统的预测方法，这些方法的预测精度已经远远不能满足我们实际系统的发展要求，尤其是在面对特殊情况下的用电高峰期，由于不具备适应性要求，将直接影响到整个电网系统的稳定性和用电的电能质量和安全。预测控制策越最大的优势就是在于很强的自适应预测能力，它能较好地处理系统中可能存在的干扰、噪声等不确定问题，也增强了系统的鲁棒性。

三、电力电子装置智能化发展

随着电力电子在高技术产业，特别是在新能源和电力节能领域的广泛应用，人们都迫切需要高质量可控的电能。智能化的电力电子装置已经成为实现各种能源高效率高质量的电能转换和节能的重要途径。其电力电子装置的功能从以往的单一化向未来的集成化和多元化方向发展，它也成为未来能源互联网、智能电网技术的关键因素。

（一）智能电力监控

随着社会的经济和科技繁荣和发展，在国家电网系统中全国范围的居民用电、各地重点工程项目、大型公共设施、新能源汽车充电站等急剧增加。人们对包括供配电系统在内的各电力系统的可靠性、安全性、稳定性、兼容性及故障预警和诊断提出了更高的要求。随着电力电子设备的更新和智能化发展，电力监控系统的范围更广、方式也更加多元，已经逐渐从对供配电系统的实施监控，扩展到对新能源发电、新能源汽车充电站等不同空间甚至不同设备系统的智能化监控领域。

智能化的电力监护系统可以给电网、企业以及一些单独电力设备提供"监控一体化"的整体解决方案，实时历史数据库建立、工业自动化组态软件、电力自动化软件、"软"控制策略、通信网关服务器、Web门户工具等。它的最大优势在于可实现系统的人机交互界面、用户管理、数据采集处理、事件记录查询和故障报警等功能。这些功能的实现和完善将极大地提高对被监控系统的信息化数据采集、监控和控制，有利于系统的稳定运行、精度控制和故障诊断以及系统的巡察和维护，让我们的电力系统更加安全高效。

（二）智能充电系统

随着电能汽车、电能自行车以及各种电力电子产品的不断丰富和广泛使用，如何实现这些电能设备快速高效的充电成了我们亟待解决的问题。针对传统的充电方法都存在着充电时间长、充电方法过于单一、对电池使用寿命影响等问题。于是，充电系统的智能化发展成为电力电子能源设备的迫切需求。

传统的充电方法主要是恒流充电和恒压充电。这两种基本的充电方法，一方面控制电路简单，充电功率一般比较小，实现起来比较容易；另一方面充电速度非常缓慢，充电方法过于单一，控制的稳定性较差，以致影响蓄电池本身的使用寿命。新发展的智能充电监控系统，实现了高效、快速、无损地对蓄电池进行科学充电。其根据铅酸蓄电池的特性，提出了分阶段充电模式，使充电电流极大的接近蓄电池的可接受充电的高效率电流曲线，并采用智能化的控制方法来实现蓄电池的充放电控制。

目前国内针对大容量智能充电技术的研究还处于起步阶段，但也取得了一定的成果。以智能化充电桩和小容量无线充电模式为代表的先进案例。电动汽车智能充电桩不仅能够实现电动汽车地快速高效充电的问题，同时也扩展到实现对充电电池的评估甚至进行维护，并且具有人性化的人机交互界面和完善的通讯能力，实现了人性化的用户体验。

（三）家庭能源管理

家庭能源管理系统是智能电网在居民侧的一个新的延伸体，近年来随着智能家居的出现，使得其逐渐成为智能电网领域的一个研究热点。家庭能源管理系统是通过各种传感器采集室内环境变化、人员活动状况和设备工作状态信息，然后利用这些采集信息的分析结果，对用电设备做出对应的调度和控制，在满足用户舒适度的前提下减少电能的消耗，提高用电效率。

现实中居民侧用电量占据了电网用电的一个重要部分，它占全社会用电总量的 36.3% 以上，但一直存在用电效率低、浪费严重的现象。为改善这一难题提高居民用电效率，避免资源浪费，一些西方国家在 20 世纪 70 年代已开始尝试开展了家庭能源管理系统（Home Energy Management System，HEMS）的研究。

家庭能源管理系统是一个实时的与外界能量和信息的交换过程，由家庭智能控制和家庭能源管理两个部分组成。通过智能化电器、智能电表和各种先进传感器的应用，实现信息的采集和挖掘；通过预算控制和智能化控制策略，实现能耗的最低化的高效节能用电。一般家庭能源管理系统可分为用户设置模块、信息采集模块、数据分析模块、优化调度模块、设备监控模块等五个模块组成。它最终实现在智能电网环境下，居民用户所有的用电负载、储能系统等设备与家庭环境内的用电网络构成一个线上实时监测控制的家庭区域微电网。家庭能源管理系统为节能减排、提高用电效率及智能电网环境下的居民侧需求响应实施、分布式电源和电动汽车接入网络提供了支持，也为未来智能城市电网的发展提供了广阔的前景。

第三节　电力电子中智能控制理论的具体应用

一、自适应预测理论在电力电子中的应用

自适应预测理论主要利用已知信息，对当前或未来电力电子设备信息进行预测。在人类社会发展进程中，自适应预测理论体系不断完善，在时间序列分析、统计学的基础上，形成了智能化程度较高的预测系统。

自适应模糊控制系统主要是在电力负荷预测领域，采用在线自适应优化模糊预测的方式，对短期电力负荷进行预估分析。在自适应模糊控制系统实际运行过程中，主要包括一次性预测未来 24h/48h 整点负荷、每次预测下一时刻负荷两个模块。其中一次性预测未来 24h/48h 整点负荷要求在系统内增设信息输入量模块。在具体设计过程中，可采用时间窗口移动技术，在获得下一时刻预测数据后，作为当期数据，进行继续预测。在选定输入预测变量后，可获得某一时间段电力负荷变化，为模糊自适应训练提供依据。同时利用自适应模糊预测，可采用模糊推理的方式，逐步逼近实际负荷动态变化数据，对样本数据进行实验分析，以获得模糊预测系统性能参数；在每次预测下一时刻负荷模块，相关人员可利用实验测试的方式，针对每一时刻负荷变化规律与季节转换间联系，总结专家经验，形成模糊预测规则，或者从数据信息库中抽取模糊规则，从而实现每次预测下一时刻负荷要求，保证电力电子智能预测经济效益。

以晶闸管变流系统自适应 PID（比例积分微分）控制为例，相关人员可以 DSP（数字信号处理）、CPLD（复杂可编程逻辑器件）为核心，配合外围同步信号采集及隔离驱动电路，

实现直流电力电子变流设备智能控制。即将整体晶闸管变流系统智能控制模块划分为 DSP（数字信号处理）外围电路、信号检测调理电路、CPLD（复杂可编程逻辑器件）外围电路、同步信号采集电路、隔离驱动电路、通信电路几个模块。随后采用 TMS321F2814 芯片作为控制模块计算单元。同时将变流系统直流输出负载端输出电压、电流转换为低电压信号。并经信号调理电路，将其转换为 0~3.3V 安全信号。最后输出 DSP（数字信号处理）芯片，获得具有触发延时功能的数字量。在获得数字量后，可采用脉冲隔离电路，经 SCI（串行通信协议）将采集实时信息显示在液晶屏幕上。随后以误差变化率、实时值与设定值误差为基本论域，对变化范围进行均匀定量分析。并将输入、输出分割为若干个模糊子集，每一模糊子集均在不同论域，具有不同等级及隶属度。结合模糊控制规则，对每一模糊子集隶属度进行推理，并以最大隶属度计算方法，将输出量模糊集合进行完整验算，可得到实际查询控制量表。

在具体模糊自适应程序运行过程中，首先需要计算误差、误差变化量。并对其进行模糊化处理。同时查询 K 控制表，获得自整定比例、微分常数。在这个基础上，利用增量型 PID（比例积分微分）算法，求解输出增量。最后将误差、误差变化量赋值给中间变量，作为下一阶段 PID（比例积分微分）预算起始点。

二、神经网络预测理论在电力电子中的应用

神经网络预测理论设计了生物电子计算机、数学、物理等多个学科，在电力电子中具有广阔的应用前景。神经网络主要是利用物理可实现系统，模仿人脑神经细胞结构及功能。在神经网络中具有大量、简单的神经元，每一神经元具有输入 - 输出非线性函数关系，通过多个神经元连接组合，可促使整体神经网络具有复杂非线性特征。

在神经网络预测理论实际应用过程中，基于电力电子系统非线性特，可将大量信息隐藏在连接权值上。并依据学习算法进行神经网络数值调节。如在 PWM（脉冲宽度调制）技术应用过程中，由于电流控制 PWM（脉冲宽度调制）技术具有精确度要求高、瞬时响应速度快等特点，为保证高要求场合其快速性、瞬时精度负荷要求，可采用神经网络改善线性电流控制、滞环控制性能。一方面，在线性电流控制性能优化模块，相关人员可采用神经网络代替新型调节器中 PI 放大器（虚拟信息系统放大器）。并利用神经网络自调节增益特点，弥补各种负载情况下静态误差，获得最佳输出电流。另一方面，在滞环电流控制模块，相关人员可采用离线训练后神经网络，从根本上降低极限环干扰风险。

三、模糊变结构在电力电子中的应用

模糊变结构主要通过开关控制的方式，改善系统性能指标。模糊变结构在实际应用过程中可利用模糊数学工具，对模糊控制规则进行定量描述，丰富人工控制检验。但是在模糊控制结构运行过程中，由于其需要在不同控制逻辑中进行来回切换，实际滑动模极易存在惯性，导致实际滑动模无法准确进入切换面，进而致使系统发生剧烈"抖振"情况。针对系统"抖振"问题，现阶段主要采用边界层模糊的方法，将边界层作为一个具有模糊区

间的开关曲面，如交流伺服系统速度控制、PWM（脉冲宽度调制）逆变器及电机矢量控制等。

综合目前的最新文献及电力电子行业的发展热点，我们已经看到智能化控制理论已经在电力电子中得到了广泛的应用和尝试。虽然一些先进的控制策略暂时还停留在理论研究阶段以及一些智能化控制方法复杂度较高、稳定差等等弊端，但随着智慧城市、智能电网与能源互联网系统等大环境对电力电子装置的智能化更加深入，智能控制理论也不断丰富和提高，电力电子智能化领域应用也会得到飞速的发展。因此，对这一问题的研究具有重要的现实意义。

参考文献

[1] 陈坚.柔性电力系统中的电力电子技术电力电子技术在电力系统中的应用 [M].北京：机械工业出版社，2012.

[2] 程珍珍.电工电子技术及应用 [M].北京：北京理工大学出版社，2015.

[3] 关健，李欣雪.电力电子技术 [M].北京：北京理工大学出版社，2018.

[4] 寇志伟.电工电子技术实训与创新 [M].北京：北京理工大学出版社，2017.

[5] 雷慧杰.电力电子应用技术 [M].重庆：重庆大学出版社，2015.

[6] 李洁，晁晓洁.电力电子技术 [M].重庆：重庆大学出版社，2015.

[7] 李锁牢，王彬.电工电子技术 [M].成都：电子科技大学出版社，2017.

[8] 李艳红，方路线，刘璐玲.电路理论与电子技术实验和实习教程 [M].北京：北京理工大学出版社，2016.

[9] 廖晓钟.电力电子技术与电气传动 [M].北京：北京理工大学出版社，2000.

[10] 刘志华，刘曙光.电力电子技术 [M].成都：电子科技大学出版社，2017.

[11] 潘再平，唐益民.电力电子技术与运动控制系统实验 [M].杭州：浙江大学出版社，2008.

[12] 曲昀卿.电力电子技术及应用项目教程 [M].北京：北京理工大学出版社，2016.

[13] 舒欣梅，龙驹，宋潇潇.现代控制理论基础第 2 版 [M].西安：西安电子科技大学出版社，2013.

[14] 王金鹏.智能电网中电力电子技术的研究与应用 [M].成都：电子科技大学出版社，2018.

[15] 王著.电工电子技术与技能 [M].北京：北京理工大学出版社，2016.

[16] 袁冬琴.电工电子技术 [M].上海：上海交通大学出版社，2015.

[17] 赵宗友，高寒.电工电子技术及应用 [M].北京：北京理工大学出版社，2016.

[18] 李兵兵，伍维根，谢永春.智能控制理论在电力电子中的应用 [J].科技创新与应用，2018，（35）.

[19] 刘伟.智能控制理论在电力电子学中的应用 [J].江苏技术师范学院学报，2006，（2）.

[20] 苏爱青，苏世宏.控制理论在电力电子学中的应用 [J].跨世纪(学术版)，2009，（4）.

[21] 王佳炜.电力电子中智能控制理论的应用分析① [J].科技资讯，2019，（2）.

[22] 王磊.现代控制理论在电力电子学中的应用 [J].华章，2013，（9）.